U0088262

不用抬頭看就能知道的趣味天文故事

www.foreverbooks.com.tw
yungjiuh@ms45.hinet.net

資優生系列 39

不用抬頭看就能知道的趣味天文故事

編　　著　陳奕嘉
出 版 者　讀品文化事業有限公司
責任編輯　賴美君
封面設計　林鈺恆
美術編輯　王國卿

總 經 銷　永續圖書有限公司
TEL ／(02)86473663
FAX ／(02)86473660
劃撥帳號　18669219
地　　址　22103 新北市汐止區大同路三段 194 號 9 樓之 1
TEL ／(02)86473663
FAX ／(02)86473660
出 版 日　2020 年 03 月
法律顧問　方圓法律事務所　涂成樞律師

國家圖書館出版品預行編目資料

不用抬頭看就能知道的趣味天文故事／
陳奕嘉編著. --初版. --新北市 ： 讀品文化,
民 109.03　面； 公分. -- （資優生系列：39）
ISBN　978-986-453-117-2 (平裝)
1. 天文學　2. 通俗作品
320　　108023307

前言

世界上讓孩子們最入迷的，一是恐龍，二就是太空。這是一位偉大的物理學家說的。

沒錯，恐龍，這個曾經統治地球的龐然大物，是怎樣產生？又是怎樣滅絕？浩瀚的星空、無垠的宇宙，到底有多大？又存在著怎樣的奇特物質？這些問題都是我們最感興趣的話題。

不過你知道嗎，其實恐龍滅絕的原因與太空的祕密有關，你一定會覺得，這簡直是太不可思議了吧！

一些科學家推測，在很久很久以前，太空中遨遊著許多小行星，平時這些小行星在遠離地球的軌道上運行。在6500萬年前的一天，一些小行星偏離了原來的運行軌道，向著地球飛奔而來，強烈地撞擊在地球表面砸下了直徑約200公里的大坑。

撞擊時發生猛烈大爆炸，釋放的能量與幾百顆原子彈、氫彈同時爆炸相當。地球瞬間變成了地獄：到處都被黑暗和寒冷籠罩，有的地方發生海嘯，有的地方燃起大火，還有的地方下起酸雨，這導致很多動植物滅亡，恐龍也就在這場災難中走向滅絕。

真是不可思議的事情，世界上竟發生過這樣的事情？這是當然的啦，大千世界無奇不有，諸如此類的事情還有很多，比如說，很多人眼中無邊無際的宇宙大世界，很可能起源於一次宇宙「大爆炸」。

大爆炸之前的宇宙可能是一個很小很小的粒子，它似有非有，時而存在，時而湮沒；更令人驚奇的是，那樣小的粒子裡竟然包羅萬象，那裡面包含著這個世上的所有東西，包括太陽、星星、空間、時間等等。地球當然也包括在其中，不同的是，地球在誕生之後的漫長時間裡，發生了許多星球上沒有發生過的事情，那就是出現了大海，大海孕育了最初的生命體，後來又出現了巨大的恐龍，再後來恐龍滅絕……

這一切都是真的嗎？或許是，或許不是，科學家們都在想盡辦法瞭解宇宙的產生、發展以及未來變，在努力找出地球與太空之間的神祕聯繫。

到底這些變化和聯繫是什麼呢？那就讓我們打開這

本書，從中捕獲有關宇宙、地球的諸多天文話題，找出許多存留在你心中問題的謎底吧！

讓我們現在就出發，到遙遠的星空中去看一看，到夢想中的宇宙大世界中去遨遊。

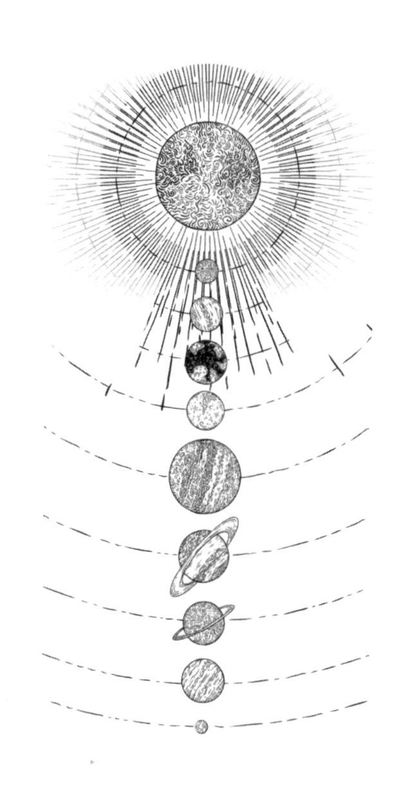

諸神的花園——十二星座的故事

2 億萬年不滅的神燈——揭祕恆星

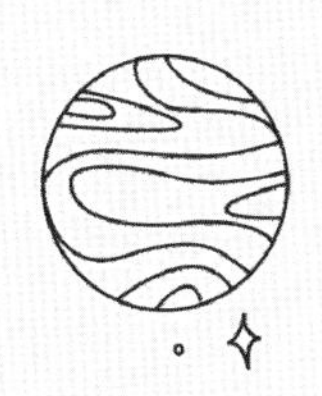

3 在天上流浪的孩子——好動的行星們

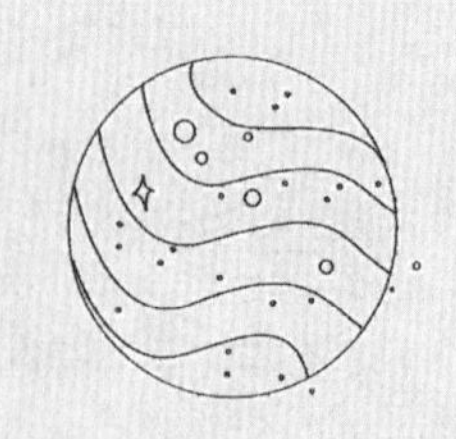

CONTENTS

4 神祕的天外來客——小行星、彗星和流星

仰望星空的偉大人物——天文學家

CONTENTS

觀天有術——窺天利器

地球之外有生物嗎——UFO與外星人之謎

1.

諸神的花園——十二星座的故事

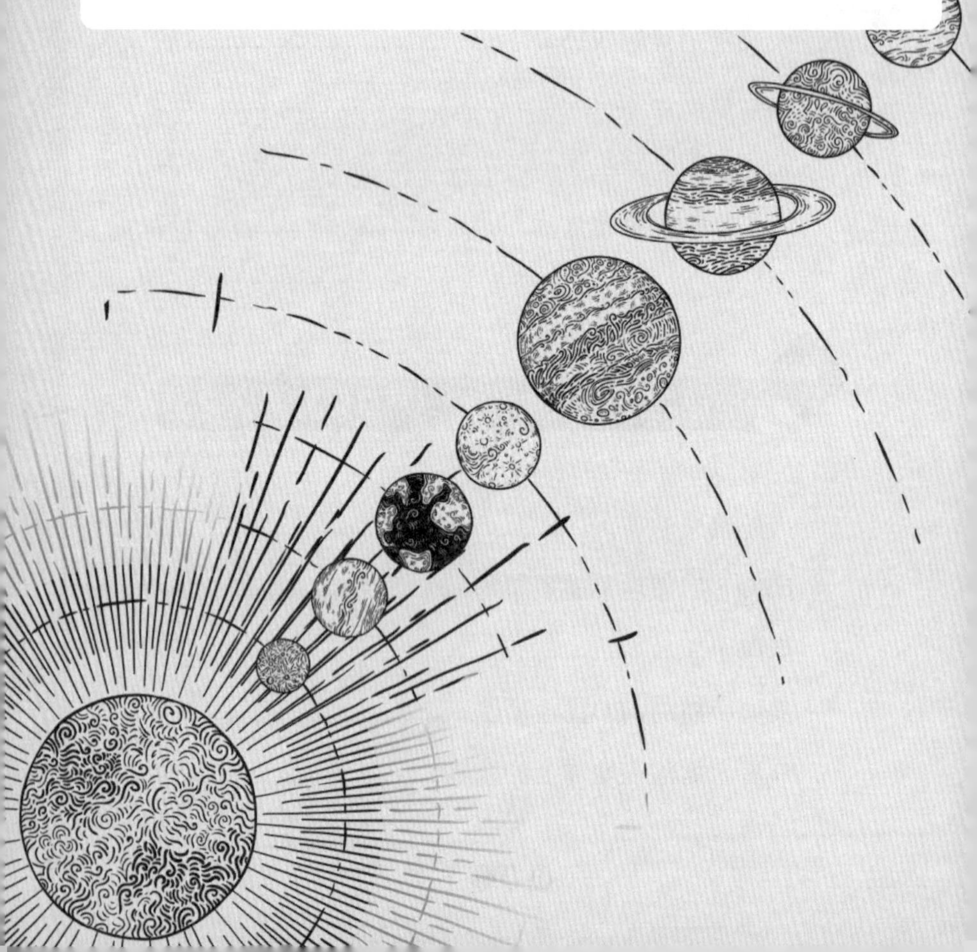

二星座的由來

小時候，我們常常會互相詢問：「你是什麼星座？」

「我是摩羯座。」

「哦，你是十二月份出生的，還是一月份出生的呢？」

「你又是什麼星座呢？」

「我是金牛座。」

「哦，金牛座的人都很穩重呢！」

星座不是天上的星星嗎？為什麼能跟人聯繫起來呢？十二星座是怎麼來的呢？

下面，我們就來揭祕星座的由來吧！

「白羊金牛道路開，雙子巨蟹跟著來。獅子處女光燦爛，天秤天蠍共徘徊。人馬摩羯彎弓射，寶瓶雙魚把

頭抬。春夏秋冬分四季，十二宮裡巧安排。」

這首詩是拉丁詩人奧索尼烏斯寫的，描述的是「黃道十二宮」的景象，就是沿著黃道分佈的十二個星座。

首先，還是先來介紹一下黃道的含義：黃道是地球繞太陽公轉軌道所在的平面與天球相交的圓環，和我們地球的赤道呈23º26´的交角，這是天文學上的一個定義。

二千多年前希臘的天文學家希巴克斯為標示太陽在黃道上運行的位置，就把黃道帶分成十二個區段，以春分點為0º，自春分點（即黃道零度）算起，每隔30º為一宮，並以當時各宮內可見的天空當中包含的十二個主要星座來命名，依次為白羊、金牛、雙子、巨蟹、獅子、處女、天秤、天蠍、射手、摩羯、水瓶、雙魚，稱之為黃道十二宮，總計為十二個星群。

其實，不僅僅是在古希臘，世界上很多民族的天文學傳統中都有黃道以及黃道星座的區分。黃道星座在許多古代民族的歷史上，如曆書的編制、節日的規定、時代的劃分上，都起了很大的作用。

因為地球在公轉時同時自轉，所以太陽每個月都會處在黃道12等分之一的某個區域。

我們一般在占星學中談論的「星座」，指的是以地球上的人為中心，以人出生地、出生時間比對太陽運行到黃道十二宮上哪一個星座的位置，從中獲得相應資訊。

占星學認為天象會反映、支配著人類活動，把每一個星座出生的人分成一類，認為他們具有相似的性格和命運，並試圖利用星座來解釋人的性格和命運。這並沒有科學根據。

比如金牛座的人，也不一定保守和辦事穩妥，用星座給人的性格和命運歸類是不可靠的。

不過，關於星座還是有許多神話傳說，特別是在古希臘神話當中，關於星座的動人故事有很多，我們就來好好瞭解一下吧！

會飛的金毛羊

白羊座是十二星座的首位星座。它可不是大草原上一隻隻白白的羊，整天擔憂被狼吃掉。白羊座的守護神白羊，實際上是一隻會飛的金毛羊呢！

關於白羊座，有一個令人感傷的神話傳說。相傳，在一個遙遠的國度裡，國王和王后結婚後，生下了一對雙胞胎兄妹。後來，國王和王后因為性格不合而分手，國王另娶了一名王后。新娶的王后在有了自己的孩子以後，就想把前王后留下的一雙兒女殺死。於是，新王后想出了一個非常邪惡的陰謀。

春天來了，又到了播種的季節，新王后派人把要播種的種子炒熟後發給全國的農民。農民領到種子後，像往常一樣辛勤地耕種、澆水。結果，因為種子都被炒熟了，過了好久，種子都沒有發芽。

被蒙在鼓裡的農民百思不得其解。這時候，新王后派人在全國散佈一個謠言，謠言說，之所以種子不發芽，是因為這個國家的前王後生了一對邪惡的雙胞胎，惹怒了天神，所以受到了詛咒。只有把那對雙胞胎送給天神當祭品，詛咒才會被解除。否則，這個國家的土地上將再也長不出莊稼。

憤怒的農民聽了之後非常著急，強烈要求國王處理這件事。國王很捨不得孩子，但為了整個國家，決定答應人們的要求。這時候，前王后聽到了消息，她趕緊向天神宙斯求助。

宙斯當然知道這是新王后在背後搗鬼，於是決定幫助前王后。在行刑的當天，宙斯派出一隻長著金色長毛的公羊，把那對可憐的雙胞胎救走。

不幸的是，在飛越大海的途中，這隻公羊一個不小心，讓妹妹摔下海中死去了。後來宙斯為了獎勵這隻勇敢但又有些粗心的公羊，就把他升到天上，成為天上的星座，也就是今天大家所熟知的白羊座。

排在十二星座第一位的白羊座，天文符號為「♈」，可以解釋成白羊的角或白羊的頭部，象徵著精力旺盛、勇往直前、善用腦子，有積極、活潑、自我、直接、喜歡新事物的個性。而古代阿拉伯人更將它解釋為：鐮刀似的角，能夠開拓原始森林。

★白羊座的性格

正義和勇敢是白羊座的最大特點。就像神話中的金毛羊，白羊座的人是天生的勇者，擁有冒險進取的意識，積極邁進的精神。不畏懼任何困難，面對外界的阻力，白羊們有十足的戰鬥力，不見結果決不甘休。有極強的自我意識，時刻都信心百倍，不會坐等天上掉下黃金，而是積極主動的爭取。

白羊座的人充滿強烈的好奇心與求知欲，有著堅定的意志力，不會屈服於任何勢力，喜歡爭強好勝，從不甘心落為人後。做事不盲目但時常欠考慮，不太注意到他人的情感，有時難免讓人有莽撞的感覺。但總結來說，白羊座的人是一個非常熱情並且永遠天真未泯的人！

★白羊座的理想職業

白羊座最突出的特點是勇敢和有冒險精神，可以考慮報考軍校，成為一名出色的軍官；或是在金融貿易領域，當操盤手或市場開發人員。此外，白羊座比較適合從事自主性較強的工作，綁手綁腳的感覺會讓白羊們有說不出的挫折感。

職業：軍人、運動員、廣播員、工程師等。

白羊座小檔案

- 守護星——火星（象徵能量與精力）
- 守護神——戰神阿瑞斯
- 幸運石——紫水晶、鑽石
- 幸運色——鮮紅色
- 幸運日——星期二
- 幸運數字——6、7
- 幸運地點——大都市
- 代表人物——梵谷、卓別林、巴哈、安徒生
- 搭檔星座——獅子座、射手座、雙子座、水瓶座

唱歌的多情牡牛

你想瞭解金牛座嗎？現在我們先來看看古希臘神話中關於它的故事吧！

有一天，天神宙斯在人間遊蕩，經過某個國家時，看見這個國家的公主非常美麗，宙斯不知不覺中看得出了神，回到天上之後，仍然對這位美麗的公主念念不忘。

在這個公主所屬的國家中，有一座很大很漂亮的牧場，裡面有數不清的牛群在吃草、嬉戲，公主時常會來到這個牧場與這群可愛的牛群一起玩耍。

就在一個風和日麗的早上，公主又出現在牧場，當她正在與牛群玩得高興時，突然發現在牛群之中有一隻特別會唱歌的牛，牠的歌聲非常悅耳動聽，有如天籟一般，吸引著公主不自覺地朝牠走去。

公主一看到這隻牛，馬上就喜歡上了這隻會唱歌的牛。因為牠不僅歌聲甜美，就連外表也非常好看。正當公主慢慢靠在牛的身上與牠一起忘情地唱歌時，這隻牛突然背起了公主朝著天空飛去。經過了很久的飛行，這隻牛終於在一塊美麗的土地上停了下來，然後搖身一變成為人，向公主表達其愛慕之意。

原來這隻牛就是天神宙斯的化身，他因為無法抑制對公主的日夜思念，決定來向公主表白。美麗公主於是接受了宙斯的愛，兩人一起回到天上生活。宙斯為紀念那表白的地方，就以公主的名字歐羅巴作為那塊土地的名字，那土地正是今天的歐洲大陸。

金牛座是冬季星空中一個很美麗的星座，它在黃道十二星座中排在第二的位置上。

金牛座的天文符號為「♉」，代表著牛頭、牛嘴及鬍鬚，象徵著穩重、堅定的信念，不為外力所動的耐力與持久力。你看這個符號，就能看出它有多麼像一頭牛頭部的樣子了，是不是很有趣呢？

★金牛座的性格

金牛座的人具有誠實的性格與深厚的情感，性格中有一股牛一樣的勤勉、韌性和穩重。做事埋頭苦幹，傾向三思而後行，不會輕浮草率。

金牛座的人不會輕易的改變生活習慣，有一套自己的做事準則。但從某種程度講，很容易變成固執己見，思想保守，對事物容易產生偏激和狹隘的看法，因此金牛們要學會接納新事物。

另外，金牛座的人十分善於安排自己的物質和家庭生活，佔有欲強、善於理財。也像神話故事一樣，金牛座十分注重美感、生性浪漫、喜歡美食。好似風吹草低仍自顧著吃草的白牛，緩慢而優美。另一方面，金牛座也像滋養萬物的大地一樣，有著強大的生命力。

★金牛座的理想職業

金牛座的人具有絕佳的美感和豐富的創造力，因此從事藝術、設計方面的事業，能很好地發揮出才華。

他們有很好的味覺與嗅覺，能發揮自己的天性，所以很適合當廚師、調酒師、點心麵包師傅等與食品有關的行業。理財能力非常強，工作方面考慮周全而且性格務實，像酒店管理、商務方面的工作也很合適。

職業：公務員、烹飪師、雕塑家、建築設計師等。

金牛座小檔案

- 守護星——金星（象徵愛與美）
- 守護神——美與愛的女神阿佛洛狄特
- 幸運石——藍寶石
- 幸運色——藍色
- 幸運日——星期五
- 幸運數字——1、9
- 幸運地點——靜謐之地
- 代表人物——莎士比亞、佛洛依德、柴可夫斯基、喬治・盧卡斯
- 搭檔星座——摩羯座、天蠍座、射手座、雙子座

可以分享生命的好兄弟

在古希臘神話中，雙子座的故事是關於手足情深的感人事蹟。

傳說，麗達王妃生了許多可愛的孩子，其中有兩個兄弟，不光是感情特別要好，長相也幾乎一模一樣，很容易讓人以為他們倆是一對雙胞胎。

其實，在這兩兄弟中，哥哥是麗達王妃與天神宙斯所生的兒子，弟弟則是與巴斯達國王所生的。

兩人為同母異父的兄弟，哥哥的身份是「神」，且有永恆的生命，而弟弟則是普通人。

有一天，希臘遭到了一頭巨大的野豬攻擊。王子們召集許多的勇士去追殺野豬，當野豬順利地被解決後，勇士之間卻因為互爭功勞，在彼此之間結下了仇恨。

在一次市集的熱鬧場合中，兩邊互看對方不順眼的勇士不期而遇，當然又免不了一番爭吵。在爭吵中，有人開始動起武來，於是場面變得一發不可收拾，許多人都在這場打殺中受傷，甚至死亡。

很不幸，兩位王子當中的弟弟，也是在這一場混亂之中被殺身亡。

一向與這個弟弟特別要好的哥哥，完全無法接受弟弟已經死亡的事實，抱著弟弟的屍首不停地痛哭，希望弟弟起死回生，讓兩人一起重享以前手足情深的歡樂日子。

於是，哥哥回到天上向父親宙斯請求，希望宙斯可以讓弟弟復活。但是宙斯向他表示，弟弟只是個普通的人，本就會死，若是真的要讓弟弟復活，就必須把哥哥剩餘的生命分一半給弟弟。

感情深厚的哥哥當然是毫不猶豫地馬上答應了，從此之後，兄弟倆又可以一起快樂地生活了。

雙子座是黃道十二星座中排名第三的星座，雙子座的天文符號為「Ⅱ」。

你看，這多像一對勾肩搭背的雙胞胎兄弟，他們分享著同樣的想法，站在同樣的立場；但無論在精神和肉體上，都是屬於雙重的，即雙重的性格及雙重的行為。符號上端的橫線代表著心智上的聯繫，符號下端的橫線代表兩個人對客觀環境的共識。

★雙子座的性格

雙子座給人印象最深刻的是變化快速和如風般捉摸不定，對環境具有很強的適應力，具有強烈的雙重性格。

具有幽默感、才華橫溢、有強大的感染力而且擅長交際。相當富有靈性和想像力且敏捷善辯，好奇心強，求知欲旺盛。

可惜的是，他們往往缺乏耐性、定性，雙子們如果想要有所成就，就必須克服這個弱點。

★雙子座的理想職業

雙子座的人個性開朗、活潑，在某些方面博學多聞。適合從事與大眾傳播有關的行業。

比如作家、編劇等文學性的職業，可以激發雙子座的潛能；另外，雙子座的人反應敏捷、口才出眾，適合從事流通性質較強的工作，例如資訊、旅遊、交通、運輸業等。

職業：教師、演員、作家等。

雙子座小檔案

- 守護星——水星（象徵心靈的交流）
- 守護神——畜牧之神赫爾墨斯
- 幸運石——翠玉
- 幸運色——銀色、灰色
- 幸運日——星期三
- 幸運數字——3、4
- 幸運地點——海平面之上的高地
- 代表人物——薩特、瑪麗蓮・夢露、高更、柯南道爾
- 搭檔星座——水瓶座、天秤座、金牛座、雙子座

英雄踩死的螃蟹精

要想瞭解巨蟹座，我們得先從一位英雄說起，他叫赫丘力。

赫丘力是宙斯和凡間女子所生的兒子，眾神之王的兒子長成了世間最強壯的人，也是希臘人中最偉大的英雄。

據說世上沒有他辦不到的事情，就連神明們都是靠著他的協助才征服了強大的巨人族。天后希拉卻很嫉妒赫丘力的神勇無敵，三番兩次地要置赫丘力於死地。

有一天赫丘力來到了麥西尼王國，那個國家的人們尊敬這位英雄，舉辦儀式歡迎他。但麥西尼國王卻因受到了天后希拉的指使，給他出了一道難題，要他以英雄的名義，殺掉住在沼澤區的九頭蛇。

這件事是很難辦的，因為這些蛇有著怪異的能力，每砍掉一個頭便會馬上生出無數個頭。赫丘力想到了一個辦法，他用火把蛇頭一個個燒掉，就這樣輕易解決了八個蛇頭。

眼看只剩最後一個了，希拉在天上見此氣得怒火中燒，「難道這次又失敗了？」她不甘心啊！於是就從海裡叫來一隻巨大的螃蟹，要阻礙赫丘力，把這個英雄擊倒。

巨蟹伸出了強而有力的雙螯夾住赫丘力的腳，但是誰都知道，赫丘力是世間最健壯的人，這隻巨蟹最後仍是死在赫丘力的大力之下。

希拉又失敗了。巨蟹忠於使命犧牲了自己，即使沒有成功，希拉仍嘉獎它，把它放置在天上，也就成了巨蟹座。巨蟹座是黃道十二星座中排名第四的星座，巨蟹座的天文符號為「♋」，可以解釋成螃蟹的兩對大鉗子，或者是女性的胸部，象徵著善於滋養別人及保衛別人，也兼及自己。它有著很堅強的軀殼，但是它的內在是纖細、敏感而且柔弱的。

★巨蟹座的性格

超群的直覺和敏感是巨蟹座的人的主要性格特徵。巨蟹座的人有敏銳的觀察力，內心蘊藏著豐富的情感，

常被情緒所左右。

記憶力非常好，尤其是那些具有特別意義的事情都會記得。巨蟹座的人十分溫柔戀舊，常常陷入回憶中，喜歡收藏任何古老、有價值的東西和回憶。不大適應快速的生活節奏，而偏愛靜謐的環境以及一切能喚起他想像和感受的氣氛。

體貼、善解人意和富有同情心是巨蟹最受朋友所喜愛的特質，對所愛的人有高度關懷，甚至演變成焦慮不堪的程度，有歇斯底里的傾向。巨蟹座的人也恰好符合螃蟹外殼堅硬，內部柔弱的特質。巨蟹座的人不喜歡爭論也不喜歡隨便結交新朋友，不輕易發表見解和做沒有把握的事，是個可以完全信賴的人。

★巨蟹座的理想職業

巨蟹座的人有著強烈責任感和極強的記憶能力，為人謙虛謹慎，喜歡對事情做分析與檢討，若從事文學、理學方面的研究工作，可輕而易舉的發揮自己的才幹。

此外，巨蟹座的人十分居家而且細膩，非常喜歡美味佳餚，喜歡出色的烹調技術，所以餐飲業、食品業也是巨蟹座理想的職業發展方向。

職業：音樂家、幼稚園教師、家居設計師等。

巨蟹座小檔案

- 守護星——月亮（象徵情緒和內在感覺）
- 守護神——月亮和狩獵女神阿耳忒彌斯
- 幸運石——珍珠和月長石
- 幸運色——銀色、灰白色
- 幸運日——星期五
- 幸運數字——8、3
- 幸運地點——臨近水的地方
- 代表人物——林布蘭、聖・修伯里、海倫・凱勒
- 搭檔星座——天蠍座、雙魚座

萬獸之王的雄獅

一聲吼叫，百獸俯首，這就是獸王獅子的威凌風範。

十二星座中也有一頭兇猛的獅子，這就是獅子座。相傳獅子座的由來也與偉大的赫丘力有關。

因為赫丘力天生神力。天后希拉對宙斯的風流行為十分不悅，在赫丘力還是嬰兒的時候，就放了兩條巨蛇在搖籃裡，希望蛇將赫丘力咬死。沒想到，赫丘力順利地將蛇殺死，保住了性命。

希拉當然不會因為一次失敗就放棄殺死赫丘力，她故意讓赫丘力發瘋後打自己的妻子。赫丘力清醒了以後十分傷心，決定要以苦行來洗清自己的罪孽，他來到麥西尼請求國王派給他任務。

誰知道國王受希拉的指使，賜給他十二項難如登天

的任務，必須在十二天內完成，其中之一是要殺死一頭食人獅。

這頭獅子平時住在森林裡，赫丘力進入森林中尋找牠。森林中一片寂靜，因為所有的動物都被獅子吃得乾乾淨淨，赫丘力尋找累了就打起磕睡來。就在此刻，大獅子從一個有雙重洞口的山洞中昂首而出。赫丘力睜眼一看，天啊！食人獅有一般獅子的五倍大，身上沾滿了動物的鮮血，更增添了幾分恐怖。

赫丘力先用神箭射牠，再用木棒打牠，都沒有用，巨獅竟然刀槍不入。最後赫丘力只好和獅子肉搏，過程十分慘烈，最後還是用蠻力勒死了獅子。食人獅雖然死了，但希拉為紀念牠與赫丘力奮力而戰的勇氣，將食人獅丟到空中，變成了獅子座。

獅子座是黃道十二星座之一，排在第五位置上。獅子座的天文符號為「♌」，可以解釋成萬獸之王。「獅子」的鬃毛或那有著誇耀作用的尾巴，象徵著好大喜功的個性。

★獅子座的性格

獅子座的人，很像動物界中的獅子，有驕傲、堅強的性格。天性快樂，有幽默感，會吸引很多人。像萬獸之王一樣，獅子座的人對自己有絕對自信，喜歡挑戰和征服的快感，頗有領導力。

喜歡受到別人的信賴、誇讚和舉世矚目的感覺，也喜歡掌握權威。

工作勤奮，但不願居於被管理的地位。對於重複而單調的事情感到厭煩，也不喜歡繁雜瑣碎的細節。可惜的是這種強烈的自信有時候容易變成自私、好大喜功、易怒、喜歡發號施令等缺點，獅子座的人要努力克服這一點。

★獅子座的理想職業

天性樂觀開朗、充滿無限活力的獅子座，表演慾望強烈，工作也是獅子座的表演舞台，幕後工作無法滿足獅子的願望。所以，獅子座的人更適合做一些可以在眾人面前發揮專長的工作。最被看好的工作是娛樂、藝術、表演等相關領域。

另外，因為王者之風，具有掌握全域的能力和斬釘截鐵善於決策的個性，所以也適合從事領導性質的工作，比如公司的高層管理職位等。

職業：電影明星、演員、運動員等。

獅子座小檔案

- 守護星——太陽（象徵熱情和活力）
- 守護神——太陽神阿波羅
- 幸運石——紅寶石
- 幸運色——金色、橘色
- 幸運日——星期日
- 幸運數字——5、9
- 幸運地點——氣派的處所
- 代表人物——拿破崙、希區考克、德布西、瑪丹娜
- 搭檔星座——白羊座、射手座、天秤座

豐收之神的女兒

在古代星圖中，處女座被想像成為一個美麗的女神，身上長著一對翅膀，左手抱著一捆麥穗，右手拿著一把鐮刀，她就是人間管理穀物的農業之神、希臘的大地之母狄蜜特。

女神狄蜜特有一個美麗的獨生女泊瑟芬，她是春天的燦爛女神，只要她輕輕踏過的地方，都會開滿嬌艷欲滴的花朵。有一天她和同伴正在山谷中的一片草地上摘花，突然間，她看到一朵銀色的水仙，香味飄散在空氣中。泊瑟芬想：「它比我見到的任何一朵花都漂亮！美得讓人心醉。」

於是她遠離同伴偷偷地走近，伸手正要碰那朵水仙花。突然，地底裂開了一個洞，一輛馬車由兩匹黑馬駕著，衝出地面。原來車上坐著的是冥王黑帝斯，他因愛慕「最美的春神」泊瑟芬，設下詭計擄走了她。

泊瑟芬的呼救聲迴盪在山谷、海洋之間，當然，也傳到了母親狄蜜特的耳中。狄蜜特非常悲傷，她拋下了待收割的穀物，飛過千山萬水去尋找女兒。人間少了大地之母，種子不再發芽，肥沃的土地結不出成串的麥穗，人類都要餓死了。

宙斯看到這個情形只好命令冥王放了泊瑟芬，冥王不得不服從宙斯。但他卻心生詭計，臨走前給泊瑟芬一顆果子，一旦她吃了這顆果子便無法在人間生活。泊瑟芬不知是計，禁不住誘惑吃下了果子。

宙斯沒有辦法，只好對冥王黑帝斯說：「一年之中，你將只有四分之一的時間可以和泊瑟芬在一起。」

從此以後只要大地結滿冰霜，寸草不生的時候，人們就知道這是因泊瑟芬又去了地府。

處女座象徵著春神泊瑟芬的美麗與純潔，母親養育的麥穗也成為她手持之物。即使如此，她再也不是那個無憂無慮、嬉戲於草地上的少女，每年春天她雖然會復活，依舊明艷動人，但地獄的可怕氣氛卻永遠隨著她。

處女座是黃道十二宮中排在第六位置的星座，處女座的天文符號為「♍」，是個有點神祕的符號，各方的解釋不相同：有的說是聖母瑪麗亞名字Maryām的首個字母「M」；或說是指這個星座的守護星——「水星」。

無論如何，它尾端的交叉是象徵著講求實際、腳踏實地和自我壓抑的性格。

★處女座的性格

處女座的人純潔，有潔癖及正義感，討厭不合理的事。神經也比較敏感，非常注重細枝末節，做起事來有時過於小心，反而無法顧全大局，不過大體上是一個有計劃的人，而且本著良心做事，有濃厚的道德觀念，感情趨於保守。

處女座的人勤奮、實際、慎重、誠實可靠，具有樂於助人的天性。有清晰理性的頭腦、優越的分析能力和很快的領悟力，而且能腳踏實地。善於批評判斷，喜歡分析，但容易形成吹毛求疵的缺點。

★處女座的理想職業

處女座的人有著敏感的神經與敏銳的知性，理解能力強。需要細緻分析及文書處理的工作都很適合，像是研究性質、公務員、服務性的工作，都能充分發揮處女座天生靈敏而冷靜的特質。

職業：公務員、編輯、醫生等。

處女座小檔案

- 守護星——水星（象徵知性和工作）
- 守護神——正義女神阿斯特里亞
- 幸運石——紅瑪瑙
- 幸運色——灰色
- 幸運日——星期三
- 幸運數字——4、8
- 幸運地點——小城市
- 代表人物——托爾斯泰、歌德、大衛・考柏菲、德蕾莎修女
- 搭檔星座——金牛座、摩羯座、天蠍座

正義女神之秤

在遠古時代，人類與神都同樣居住在地上，一起過著和平快樂的日子。

可是人類愈來愈聰明，不但學會了蓋房子、鋪道路，還學會勾心鬥角、欺騙偷盜等惡習。許多神仙都受不了，紛紛離開人類，回到天上居住。

在眾神之中，有一位代表正義的女神，並沒有對人類感到灰心，依然與人類住在一起。不過人類變得更加醜惡，開始有了戰爭等彼此殘殺的事件發生。最後連正義女神都無法忍受，毅然決然地搬回天上居住。但這並不表示她對人類已經絕望，她依然認為人類有一天會覺悟，會回到過去善良純真的本性。

回到天上的正義女神，在某一天與海神不期而遇，海神嘲笑她對人類愚蠢的信任，兩人隨即發生了一場辯論。

辯論當中，正義女神認為海神侮辱了她，必須向她道歉，海神不這麼認為。兩人僵持不下，一狀告到宙斯那裡。這種情形讓宙斯感到很為難，因為正義女神是自己的女兒，而海神又是自己的弟弟，偏向哪一方都不行。正當宙斯為此感到很頭大時，王后適時地提出了一個建議，要海神與正義女神比賽，誰輸了誰就向對方道歉。

比賽的地點就設在天庭的廣場中，由海神先開始。海神用他的棒子朝牆上一揮，裂縫中就馬上流出了甘美的水。正義女神則變了一棵樹，這棵樹有著紅褐色的樹幹、翠綠的葉子以及金色的橄欖，最重要的是，任何人看了這棵樹都能從中感到愛與和平。比賽結束，海神心服口服地認輸。

宙斯為了紀念這樣的結果，就把隨身攜帶象徵正義、公平的秤往天上一拋，成為現今的天秤座。

天秤座是黃道十二宮中排在第七位置的星座。天秤座的天文符號為「♎」，可以說是令人一目了然，一看就知道是一把四平八穩的秤。

在黃道十二宮中，天秤代表著公平和正義，掌管著一個國家的法律還有外交的問題。因此天秤座是絕對要求平衡的星座，在平衡中必須公正，天秤座同時也具有謙和有禮的特性。

★天秤座的性格

天秤座的人個性穩健而理智，善於保持平衡狀態。有公正的判斷力和出色的協調能力，在相反的意見中往往能擔負起調停的責任。凡事講求邏輯和策略，絕對不以暴力解決事情，而是尋求巧妙的辦法，在對等的權利和利害中找出平衡點。

此星座的人有強烈的求知慾望和領悟能力。不喜歡爭執，但對於一些事情有避重就輕的傾向。生性樂觀，優雅而講究禮節，喜歡呼朋引伴，有社交才華和不尋常的審美能力。

★天秤座的理想職業

天秤座天生對美的感受強烈，能抓住和諧的平衡感，特別是對於音樂方面的才華、富創意的設計等方面。值得一提的是，天秤座的人有機智靈敏的內心和社交能力，綜合這兩方面來考慮，外交官、作家、藝術、設計等相關工作都非常合適他們。

職業：外交官、室內裝飾、設計師等。

天秤座小檔案

- 守護星——金星（象徵愛與美）
- 守護神——愛情女神阿佛洛狄特
- 幸運石——青橄欖石
- 幸運色——青藍色
- 幸運日——星期五
- 幸運數字——6、9
- 幸運地點——社交活動場所
- 代表人物——甘地、諾貝爾、尼采、約翰・藍儂
- 搭檔星座——雙子座、水瓶座

釀成巨禍的衝動者

傳說，太陽神阿波羅有一個兒子叫巴野頓。巴野頓天生奕麗而性感，他自己也因此而感到自負，態度總是傲慢而無禮。好強的個性常使他無意間得罪了不少人。

有一天，有個人告訴巴野頓說：「你並非太陽神的兒子！」說完大笑，揚長而去。

好強的巴野頓怎能咽得下這口氣，於是便問自己的母親：「我到底是不是阿波羅的兒子呢？」

但是不管母親如何再三保證他的確就是阿波羅所生，巴野頓仍然不相信他的母親。母親最後對巴野頓說：「取笑你的人是宙斯的兒子，地位很高，如果仍然不相信，那麼去問太陽神阿波羅自己吧！」

阿波羅聽了自己兒子的疑問，笑著說：「別聽他們胡說，你當然是我的兒子！」

巴野頓仍執意不信。其實他當然知道太陽神從不說謊，可是他卻另有目的——要求駕駛父親的太陽車，以證明自己就是阿波羅的兒子。

「這怎麼行？」阿波羅大驚，太陽是萬物生息的主宰，一不小心就會釀成巨禍。

但拗不過巴野頓，阿波羅正說明著如何在一定軌道駕駛太陽車時，巴野頓心高氣傲，聽都沒聽立刻跳上了車，疾馳而去。結果當然很慘，搞亂了日出日落的時間，地上的人、動物、植物不是熱死就是凍死，弄得天昏地暗，怨聲載道。

眾神們為了遏止巴野頓，由天后希拉放出一隻毒蠍，咬住了巴野頓的腳踝；而宙斯則用可怕的雷霆閃電擊中了巴野頓。只見他慘叫一聲墜落到地面，死了。人間又恢復了寧靜。

為了紀念那隻同時也被閃電擊斃的毒蠍，這個星座就被命名為「天蠍座」。

天蠍座是黃道十二宮中排在第八位置的星座。天蠍座的天文符號為「 ♏ 」，作為這個十二星座中最神祕的星座，它的符號也有各樣的解釋及說明。尤其是它的尾部，有的說他是男性的象徵及符號；有的說是蠍子的刺；有的說是盤在樹枝上的蛇（最早在埃及是以蛇作為

天蠍座的符號）等。無論如何，這個星座永遠像被一層神祕的面紗遮掩住，散發出不可抗拒的魅力。

★天蠍座的性格

天蠍座的人有著過人的精力和強烈但不外露的情感，和如同蠍子一般堅韌的力量。有著巨大的耐力使得他們敢於迎接挑戰，一旦確定了目標，便絕對不會輕易放手。

無論面對生活中還是情感上錯綜複雜的問題，他們非但不會厭煩，反而會感到生活充滿挑戰和樂趣。

這個星座的人很神祕，旁人很難從平靜的表面中，瞭解到他激烈的內心衝突。他們觀察力很敏銳，喜歡獨立思考，不經過周密調查，絕不會輕易接受他人意見。天蠍座的人非常敏感，有著強烈的情感，而且天生有良好的記憶力和非凡的直覺。

然而他們最大的困難也源於感情過於強烈的天性，建議天蠍們最好學習控制感情，避免太頑固和發脾氣，克服嫉妒、自私等傾向。

★天蠍座的理想職業

天蠍座因為擁有強烈的責任感，做事集中力強、有非凡的感應力，適合從事占卜方面的工作。除此之外，深謀遠慮的性格、敏銳的直覺力和堅韌的內心，讓天蠍座在很多領域都可以發揮自己的特長。

職業：科學研究員、刑警、心理學家、精神科醫師等。

天蠍座小檔案

- 守護星——冥王星（象徵轉變）
- 守護神——冥王哈迪斯
- 幸運石——黃玉
- 幸運色——暗紅色
- 幸運日——星期二
- 幸運數字——3、5
- 幸運地點——近水的地方
- 代表人物——哥倫布、畢卡索、居禮夫人、比爾・蓋茲
- 搭檔星座——雙子座、雙魚座、巨蟹座

半人半馬的大英雄

古希臘時，茫茫大草原中馳騁著一批半人半獸的族群，這就是「人馬族」。很多電影中都會出現他們的樣貌呢。

人馬族是一個生性兇猛的族群，但族裡有一個特例，他就是青年奇倫。奇倫雖也是人馬族的一員，可他天性善良，對待朋友更是以坦誠著稱，所以奇倫在族裡十分受人尊敬。

有一天，希臘最偉大的英雄赫丘力來拜訪他的朋友。這位幼年就用雙手扼死巨蛇的超級大力士，一聽說人馬族也是一個擅長釀酒的民族，想到香醇的佳釀就要流口水。也不管這酒是人馬族的共有財產，便強迫他的朋友偷來給他享用，否則就打死他。

所有人都知道，赫丘力是世間最強壯的人，連太陽神阿波羅都得讓他三分。出於無奈，這個人馬族人只有照著他的意思辦了。正當赫丘力沉醉在酒的芬芳甘醇之際，酒的香氣早已瀰漫了整個部落。所有人馬族都厲聲斥責赫丘力，赫丘力怒氣衝天，拿著他的神弓奮力追殺人馬族，人馬族人倉皇逃至最受人尊敬的族人奇倫家中。這時奇倫在家中聽見了屋外萬蹄奔踏及驚慌的求救聲，他連想都沒想，開門直奔出去。

說時遲那時快，赫丘力拉滿的弓瞬間射出去，竟然射中了奇倫的心臟，善良無辜的奇倫為朋友犧牲了自己的生命。天神宙斯聽見了人馬的嘶喊，於是趕到那裡，雙手托起奇倫的屍體，往天空一擲，奇倫瞬間幻化成數顆閃耀的星星，形狀就如人馬族人。從此為了紀念奇倫，這個星座就稱為「人馬座」，也就是我們所說的「射手座」。

射手座是黃道十二宮中排在第九位置的星座。射手座的天文符號為「♐」，在所有的星座符號之中，射手座可是最複雜的了：這個符號有的箭頭朝右，有的箭頭朝左；對這符號有人稱它為天弓，有人稱它射手。

對這支能夠自由地在天空飛翔的箭，有人認為是一種理想或者是一種解放的感覺，有人認為是熱情奔放的情緒，有人認為是象徵飛馳的速度。

★射手座的性格

射手座的人崇尚自由、無拘無束及追求速度感的生活，生性樂觀、熱情，是天生的享樂主義者。受到守護神宙斯的影響，他們具有完美主義，同時也有陽剛氣息、寬大體貼的個性與重視公理與正義的傾向。他們幽默率真，總希望能將自身所散發的強大生命力和樂天的性格感染到周圍的人，所以一般人緣都非常好。

外向，健談，喜歡新鮮的事物並勇於嘗試，像神話中的半獸人一樣，他們同時具備人性與野性，精力充沛並且有遠大的理想，任何時候都不會放棄自己的理想。

但有時候射手座的人會因為追求完全屬於自己的環境，加上對自由有強烈的要求，所以可能會苛求別人或放縱自己的缺點。另外，過於豁達的人生觀，讓他們對人對事的樂觀理念，有時候看起來有些一廂情願。

★射手座的理想職業

集知性與野性於一身的射手座，喜歡把事情做得轟轟烈烈。這種過人的熱忱與自信，只要能符合自身所具備的自由、速度、變化這三個要素，無論從事什麼職業，射手座都能將工作能力發揮得淋漓盡致。通訊、研究、出版、語言等領域的工作比較能滿足他們的自身需求並且也是射手們所擅長的。

職業：探險家、教授、運動員等。

射手座小檔案

◆ **守護星**——木星（象徵預知力與能量）
◆ **守護神**——天神宙斯
◆ **幸運石**——綠松石
◆ **幸運色**——紫色
◆ **幸運日**——星期四
◆ **幸運數字**——9
◆ **幸運地點**——開闊的戶外
◆ **代表人物**——海涅、貝多芬、馬克・吐溫、史蒂芬・史匹柏
◆ **搭檔星座**——白羊座、獅子座

形狀怪異的公羊

最早的放羊人是誰呢？大概就是摩羯了吧，他可是給宇宙之神宙斯牧羊的人呢！在希臘神話中，摩羯管著宙斯的牛羊，人們都叫他牧神潘恩。

潘恩長得十分醜陋，幾乎可以用猙獰來形容。頭上生了兩隻角，而下半身該是腳的部分卻是一隻羊蹄。這樣醜陋的外表，讓牧神潘恩十分難堪與自卑，不能隨著眾神歌唱，不能向翩翩的仙子求愛。啊！誰能瞭解醜陋的外表之下，也有一顆熱情奔放的心呢？日日夜夜，他只能借著吹簫來紓解心中的悲苦。

一日，眾神們聚在一起開懷暢飲，放聲歡笑。天神宙斯知道潘恩吹得一口好簫，便召他來為眾神們演奏助興。

淒美的簫聲流瀉在森林、原野之中，當眾神和妖精們正隨著歌聲如癡如醉的時候，森林的另一邊，一隻多頭的百眼獸正呼天嘯地、排山倒海衝來。

仙子們嚇得花容失色，紛紛拋下手中的豎琴化成一隻隻的蝴蝶翩翩而去。而眾神們也顧不得手中斟滿的美酒，有的變成了一隻鳥振翅而去，有的躍入河中變成了一尾魚順流而去，有的乾脆化成一道輕煙，消失得無影無蹤了。而牧神潘恩，看著眾神們都逃的逃，溜的溜，自己卻還在猶豫不決。最後他決定變成一條魚，縱身跳入一條溪中。他選的這條溪實在太淺了，無法完全容納他龐大的身體，所以下半身變成魚尾，而上半身仍是一個山羊頭。

後來神界又舉辦宴會，可是替宙斯倒酒的一個女孩子受傷了，沒有人能夠代替做這項工作。宙斯非常苦惱，不曉得該怎麼辦。眾神看宙斯這樣煩惱，很想幫忙找人代替，可是介紹來的女孩子，宙斯都不是很滿意。

一天，阿波羅神來到特洛伊城，看到俊美的王子正在和宮女遊玩。他心想，人間竟然有如此俊美的王子，於是阿波羅回到神界，把他在特洛伊城看到的情況報告給宙斯聽，宙斯覺得不可思議，很想親眼目睹特洛伊王子。宙斯來到特洛伊城，卻見到了頭上生了兩隻角、下半身有著魚尾的潘恩。宙斯瞧見他的模樣，覺得非常有趣，於是把半羊半魚的他化為天上的星星，成為摩羯座。

摩羯座是黃道十二宮中排在第十位置的星座。摩羯座的天文符號為「♑」，在十二星座中，摩羯座和射手座同屬「非常態」的類型。

射手座是人頭馬，而摩羯座則是只有在希臘神話中才有的「海羊」——上半身是羊頭下半身是魚尾的變種山羊。所以和其他雙重組合的星座——如兩條魚的雙魚、兩個秤砣的天秤、半人半獸的射手一樣，是複雜、矛盾的。這符號前半的V代表山羊頭，後半則是無法擺脫的魚尾。

★摩羯座的性格

摩羯座的人誕生在一年最為酷寒的季節，讓他充滿自立的精神以及不屈不撓的個性。他們有傲人的耐力、意志堅決，非常有時間觀念和責任感。和其他土象星座一樣，都是屬於較內向，同時具有自省、保守、懷舊的堅忍性格。

摩羯座的人常常以幹練的姿態示人，但內心往往缺乏安全感。他們精力充沛、目標確定，正視現實好處及物質保障，具備很強的理解能力並且慣於使用理性的思維或科學觀點。摩羯座的人往往不屬於天賦異稟的一類，但是心懷大志，經歷生活和情感的種種歷練，屬於大器晚成的類型。

★摩羯座的理想職業

摩羯座有強烈的秩序感和駕馭自己事業的能力，還具有正義感、做事踏實等特點，非常適合從事宗教或法律等相關領域的工作，或是比較注重秩序感與規劃性的職業。

職業：政治家、建築師、律師、牙科醫生等。

魔羯座小檔案

- **守護星**——土星（象徵潛能與理性）
- **守護神**——第二代天神克洛諾斯
- **幸運石**——瑪瑙
- **幸運色**——暗綠色
- **幸運日**——星期六
- **幸運數字**——3、7
- **幸運地點**——遠離嘈雜的隱蔽地點
- **代表人物**——馬丁・路德・金、聖女貞德、班傑明・富蘭克林、牛頓
- **搭檔星座**——金牛座、處女座、天蠍座

神宴席上的水瓶

在特洛伊城裡，住著一位俊美的王子。他的俊美容貌，連城中美女都自歎不如。

有一天，宙斯變成一隻大老鷹，一把抓住王子回到神界。特洛伊王子來到神界，宙斯要他代替受傷的女孩為自己倒酒，於是王子無可奈何，只好待在神界。王子非常想念家鄉和家人，同時特洛伊國王也非常思念王子，不知他到哪兒去了。宙斯覺得慚愧，不忍王子一天天消瘦，於是托夢給國王，告訴他王子在神界中的情形。

為了安慰國王，他送給國王幾匹神馬以示安慰。宙斯也讓王子回特洛伊城去看國王，然後再回神界替宙斯做倒酒的工作。特洛伊王子從此在天上變成了水瓶，負責給宙斯倒酒。每當夜晚望著星空時，你有沒有看到一個閃耀的水瓶星象？它好像正在為你倒酒呢！

水瓶座是黃道十二宮中排在第十一位置的星座。水瓶座的天文符號為「♒」，雖然水瓶座指的是重生之水和智慧的泉源之意，但其符號代表的卻是電波而非水波，意味著電波的接和收，正和負的兩極或兩端。

和所有重疊的符號（如兩個人的雙子、兩條魚的雙魚）所代表的星座一樣，這個星座也有兩種特質，與電波相同，有時相吸，有時卻相斥。

★水瓶座的性格

水瓶座的最大特點是討厭被束縛，崇尚自由的精神，懷有孩童般的好奇心。而且水瓶座的人深具人文關懷，是懷抱著世界大同理想的博愛主義者。他們富於研究精神，喜愛新鮮事物，感情上十分理智，不易受周圍環境影響。

水瓶座的人縱然討厭被束縛，卻很堅持自己的信念。這樣的性格容易讓人對其產生與眾不同、自行其是的感覺。然而像風一樣自由自在的他們，不會太在意別人的看法或批評，頂多只是聳聳肩或是一笑置之。

水瓶座的人具有求新的思想，天生的創意，敏捷的行動，這些特點讓水瓶座的人具有科學家的特質，善於將新奇的見解表現在藝術或是科學研究當中，而且能夠以批判的態度和合乎邏輯的思考方式面對問題。

★水瓶座的理想職業

對於博愛又知性的水瓶座來說，在科學、美學的領域中，具有無限的潛能，而且還擁有獨特的推理力及記憶力，適合從事資訊業、天文研究、科學相關等領域的工作。

職業：科學家、出版商、作家等。

水瓶座小檔案

- 守護星——天王星（象徵智慧與變數）
- 守護神——天空神烏拉諾斯
- 幸運石——紅色石榴石
- 幸運色——輕色度的藍綠
- 幸運日——星期三
- 幸運數字——4、8
- 幸運地點——繁華的大都市
- 代表人物——達爾文、愛迪生、莫札特、狄更斯
- 搭檔星座——雙子座、天秤座、射手座

愛神母子倆

有一次，美神維納斯帶著心愛的兒子小愛神丘比特，盛裝打扮準備去參加一場豪華的宴會。在這個宴會中，所有參加會議的人都是天神，稱得上是一場「神仙的盛宴」。

眾女神們一個比一個打扮得艷麗，誰也不想被其他人給比下去；至於眾男神們，則是人手一隻酒杯，三五成群地在高談闊論；而頑皮的小朋友們，早就已經按捺不住，玩起捉迷藏遊戲來了。

當整個宴會逐漸進入高潮，大家都陶醉於美味的食物和香濃的美酒時，突然來了一位不速之客，破壞了整個宴會的氣氛。

這個不速之客，有著非常猙獰的外表及邪惡的心腸，他出現在宴會上的目的，就是要破壞它，很顯然，

他已經達到這個目的了。

他伸手把擺設食物的桌子推翻，把盆摔入水池中，還用可怕的表情嚇壞了在場的每個人。大家開始四處亂竄，尖叫聲、小孩子的哭聲不絕於耳。這時候，維納斯突然發現兒子丘比特不見了，她緊張地到處尋找，也顧不得那位不速之客的存在。

維納斯找遍了宴會的各個角落，終於在鋼琴底下找到了已經嚇得渾身發抖的丘比特，維納斯趕快把丘比特緊緊地抱在懷中。

為了防止丘比特再度與她失散，維納斯想了一個方法，用一條繩子把兩個人的腳綁在一起，然後再變成兩條魚。如此一來，就成功地逃離了這個可怕的宴會。雙魚座就象徵著繩子牽著腳化成魚的維納斯和丘比特。

雙魚座是黃道十二宮中排在第十二位置的星座。雙魚座天文符號為「♓」，象徵著被絲帶相連繫的西魚和北魚。

由於它是十二星座的最後一個星座，即包含了十二個星座進化的總和，是古老輪回的結束。所以有著昇華透徹的靈，又留有世俗無法割捨的欲；而這種靈與欲糾纏不清的矛盾，使得兩條魚變得像謎一樣的複雜。

★雙魚座的性格

雙魚座的人非常敏感，有生動的想像力跟強烈的直覺感，很容易受到他人情緒的影響。

他們往往會陷於幻想之中，有不切實際的傾向，他們個性溫暖，感情豐富而多情，喜愛浪漫，對任何人都很親切，很容易投入他人的懷抱、信任他人。由於雙魚座的人天生敏感，時常為了芝麻小事而陷入嚴重的挫折之中，依賴心強。

他們有豐富的創造能力和藝術才華，常常沉溺於詩般的情節和幻想中，認為真正的幸福是身心合一的世界。他們富於同情心，有犧牲自我的精神。

這樣的個性有時候會顯得多愁善感，雙魚座的人如果能更大氣些，在為人處世的很多方面能警惕、別自尋煩惱就更好了。

★雙魚座的理想職業

雙魚座的人一般來說大多是多愁善感，有著十分感性的一面，和相當脆弱的情感，這使得他們擁有很好的藝術靈感和出色的想像力。因此，最適合從事與藝術、設計、大眾傳播等方面的工作，在音樂、美術界、文學、戲劇界中實現心中的理想。

職業：音樂家、詩人、演員、雕塑家等

雙魚座小檔案

- 守護星——海王星（象徵幻想力）
- 守護神——海神波塞冬
- 幸運石——血石
- 幸運色——各種色度的薄荷色
- 幸運日——星期五
- 幸運數字——5、8
- 幸運地點——海邊或近水的城市
- 代表人物——愛因斯坦、蕭邦、韓德爾、米開朗基羅
- 搭檔星座——巨蟹座、天蠍座

2.

億萬年不滅的神燈
——揭祕恆星

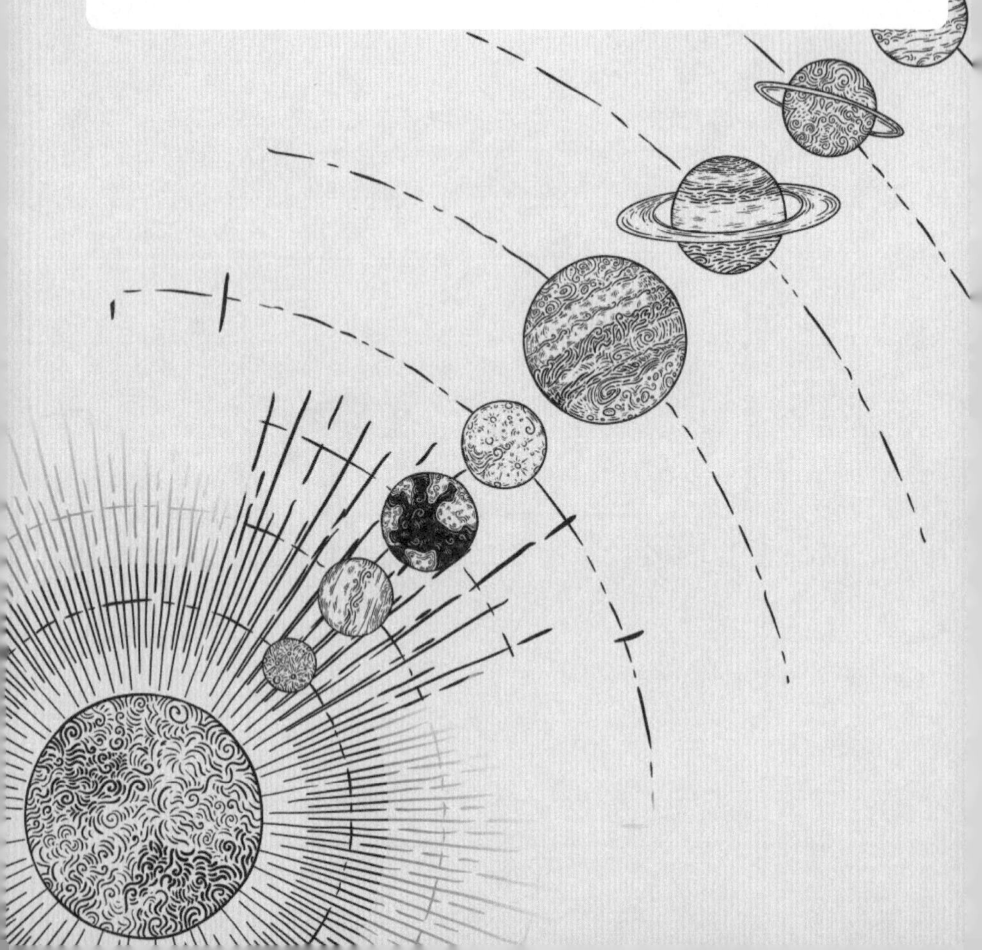

哺育恆星的搖籃

古老的傳說故事認為，天空中的每一顆星星，都代表著地上的一個人。這種說法雖然沒有科學道理，但是，有一點可以肯定，天上的每一顆星星，都和我們人類一樣，有過母體的孕育，痛苦的出生，也有過美好的童年。

恆星是怎麼出生，又是怎樣長大的呢？

宇宙中，有一種沒有形狀也沒有明顯邊際的星雲，它是宇宙間星際物質的積澱與聚合而產生的。在大約幾十到上百光年的直徑範圍內，它們的平均密度只有每立方公尺10到100個原子。而這種被稱為彌散星雲的天體正是無數顆耀眼恆星被孕育和出生的場所。

彌散星雲的質量非常大，因此彌散星雲內部的引力作用也異常強烈。強大的引力使星雲中的氣體急速場

縮，這種運動使體積巨大的星雲在收縮的過程中碎裂成大小不一、形態也不規則的許多小星雲。

由於小星雲的密度比較大，因此內部的塌縮並沒有停止。小星雲塌縮時所產生和釋放的能量都以紅外線的方式，從近於透明的星雲雲體中悄悄溜走了，因此溫度依然很低。

但隨著塌縮的繼續，星雲的密度逐漸變大，雲體也開始變得不再透明，塌縮運動所發出的能量就都被越來越稠密的星雲物質吸收了。這樣一來，小星雲的溫度就開始慢慢上升。

隨著密度的進一步增大，小星雲的形狀在引力的牽引下逐漸旋轉成為一個個球狀體，這種球狀體便是恆星的「胚胎」了。

經過幾百萬年到上千萬年的演變，當溫度達到能夠引發原子反應的程度時，熾熱而又明亮的恆星寶寶就誕生了。

跟人類一樣，彌散星雲中的眾多小星雲最終能不能發育成恆星，關鍵在於它們的質量是否夠大。質量較小的星雲，在塌縮的過程中，內部只能發生一些低水準的原子反應。

這一過程，雖然也能夠產出一定的能量，但並不能長久維持。那些質量較小的星雲即使能夠塌縮成恆星，也會很快便在能量的不斷流失中迅速消亡，就如母腹中未出生或者出生不久的小動物流產和夭折了一樣。只有那些大質量星雲形成的恆星才有可能在優勝劣汰的殘酷法則中倖存下來。

彌散星雲孕育並製造恆星的過程是漫長而艱辛的，因為除了引力作用外，星雲內部的熱運動與磁場作用都會對恆星的成長造成巨大的影響。哪一個環節都不允許出現絲毫的差錯，否則就會使剛剛出現的恆星「胚胎」胎死腹中。

在恆星的誕生過程中，還有一個比較奇特的現象。科學家們發現，質量越大的恆星，從開始形成到最終誕生所需要的時間就越短；質量越小的恆星則正相反，需要的時間往往比較漫長。兩者之間的差距常常會達到驚人的數億到數十億年之巨。

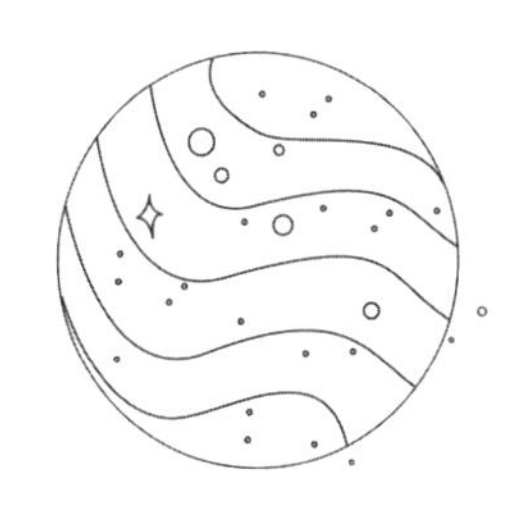

恆星先生的自傳

一個人的一生，在整個宇宙的時光長河中往往顯得微不足道。從出生到死亡，不過是幾十年的歲月。而與我們人類相比，恆星一生所走過的歷程顯得無比漫長。今天我們就來邀請一位年邁的恆星先生，談一談每顆恆星都會走過的一生。

「大家好，我是來自牧夫座的大角星亞克多羅斯。

我雖然是一顆已到暮年的紅巨星，但卻是你們在地球上能夠看到的最為明亮的星星之一。不過再過很多年，你們也許就再也見不到我了。因為到那時，我可能已經變成了一朵四處飄散的雲彩。

好了，言歸正傳，我希望能夠在有生之年，和你們一同分享一顆恆星漫長的一生中所可能經歷的事情。

同其他的許多兄弟姐妹一樣，我出生在一片似有若無的彌散星雲中。那個時候，我總是覺得很餓，於是就不停地將周圍空間中所能遇到的東西都吸附到自己的身邊來。後來我的身體越來越重，但是卻總是感覺很冷很冷。

我開始試著縮緊自己的身體，在這一過程中，我逐漸感覺到一股股熱量在自己的體內快速地流動。後來我變得越來越胖，變成了一個圓圓的肉球，說實話，我討厭那樣的自己。

時間就這樣一分一秒地過去，我突然發現自己變成了一個全身發燙的大圓球。雖然我的身材已經十分臃腫，但是卻依然覺得很餓，只能靠不斷地吸食附近的物質來抵抗那令人沮喪的饑餓感。現在回憶起來還真是有些慚愧，嬰兒時期的我的確是一個不折不扣的大胃王。

大約10萬年的時光就在這樣的不知不覺中過去了，大概是攝入的營養過於豐盛，我感覺越來越熱。突然有一天，我驚訝地發現自己的身體冒起火來，我竟然變成了一個大火球！

在我的身體內部，也感覺到一種奇妙的變化，就像是出現了一個巨大的火爐，不斷地燃燒並噴射出熾熱的火焰。我覺得自己在那一刻徹底地脫胎換骨了，家族中的長輩們也微笑著告訴我：「親愛的亞克多羅斯，恭喜你加入成年恆星的行列！」

從那時起，我開始了一段漫長而又難忘的生活。就像你們的太陽所做的那樣，我努力地發出光和熱，將周圍冰冷黑暗的世界徹底籠罩在自己的光輝之下。

後來，我漸漸地感覺到了自己的衰老，因為我再也不能夠像從前那樣做一些劇烈的運動了。身體健康的每況愈下，使我的臉色看上去也與年輕的時候大不一樣了。終於，我不得不承認自己已經進入老年恆星的行列。

隨著氫的最終耗盡，我不得不將氦也投入到火爐中取暖。但是氦可並不像氫一樣馴服，它們總是不停地搗亂，在火爐中四處亂竄。於是我的身體在這種內部的衝突中重新膨脹。

又過了很久，我就變成現在你們所看到的這個樣子了。我的身體還在不斷的膨脹之中，當氦也燃燒殆盡的時候，我也將結束自己這漫長的一生。

我的許多老朋友們已經先我而去了，而這樣的事情，每天都在發生著。他們之中有的變成了白矮星，有的變成了中子星，還有一些塌縮成了可怕的黑洞。我也經常會想，自己最終將何去何從。

在我還是一個孩子的時候，家族裡的長輩就曾告訴我，當我們恆星內部的燃料全部燃盡的時候，內部的壓力會因為失去平衡而將內核中的原子不斷地擠壓在一起，這就是可怕的塌縮。

當塌縮進行到一定程度的時候，一種叫做強核力的東西會使引力失去優勢，這時恆星就變成了一顆白矮星。而如果我們恆星自身的質量足夠大，強大的引力可能會戰勝這種抑制塌縮的強核力。這樣就會形成更為緻密的中子星或者黑洞。一

般情況下，只有家族裡的大塊頭才有可能變成中子星，小個子和普通成員的命運都是變成一顆會發出乳白色光芒的白矮星。

現在你們應該很清楚了，和人類的生老病死一樣，從原恆星到成年恆星再到最後的白矮星、中子星或黑洞，這就是每顆恆星的一生都會經歷的事情。作為一顆紅巨星，我並不會感到難過，因為在我爆炸的瞬間，將會是整個宇宙中最為輝煌燦爛的時刻之一。

再見了，孩子們，希望你們都能夠珍惜生命，這樣就能夠在有限中看到永恆的光芒。」

恆星恆久遠

我們已經知道，恆星是一個能夠自己發光發熱、不停燃燒的大氣球。

為什麼把它叫做恆星呢？這個「恆」字，是形容星星永恆不變？還是說它靜止不動呢？

很久以前，我們人類是根據恆星的特點來命名的，在那時的命名中，「恆星」的「恆」字指的是穩定不變，「行星」的「行」字是指不停地改變位置；恆星位於中央靜止不動，而行星圍繞它們不停地運轉，兩者正好組成宇宙中的一個個星系。

現在，我們需要另外指出的是，所有恆星，連我們的太陽在內，都是在彼此做相對運動的。所以，原先的認為恆星靜止不動的說法是不對的。我們這樣說，可能會有人感到疑惑，為什麼我們會看不到恆星的運動呢？

為什麼自古以來的星圖就和現在一樣，好像永遠不會改變呢？

千百年來，我們看到的恆星都是穩定平靜地漂浮在夜幕之上，顯得規矩有禮貌。又如何才能讓我們相信恆星是快速運動的呢？

在解釋前讓我們先舉一個例子：當你站在高處或遠處，觀察在地平線上飛馳的火車時，你可能會感覺到這輛快車正在龜速的爬行，而在近處看到的讓人害怕、讓人頭暈的速度完全不復存在，這就是距離在作怪。

同樣，對於人類來說，恆星離我們非常非常的遠，遠到不可思議，恆星的運動也同遠處的火車一樣，由於距離的原因，飛馳的速度完全無法被人感知。

如果用肉眼去看，是不會觀察出什麼不同的。就連天文學家，也是利用儀器做過了無數次辛勤測量，才得到了星體移動的結果。

所以，恆星雖然在運動，但因為恆星的這種運動並不破壞它們相互間的相對穩定的位置，所以看上去仍然是「恆定不動」的。也正由於這個原因，我們現在仍然把這些星星叫做「恆」星，先不給它們改名。

天藏起來的星辰

在沒有月光的晴朗夜晚，在遠離燈光的地方，我們一般人用肉眼可以看到6000多顆恆星。那麼白天能不能看到恆星呢？

有人反應很快，會立即回答。白天當然能看到恆星，太陽就是一顆恆星啊。

是的，大家知道白天能夠看到太陽這顆恆星，這是常識問題。那麼其他恆星呢？能不能看到？

在歷史上，這個問題有很多的人研究過，普遍的說法是，如果站在深的礦坑、深井和高高的煙囪的底下就可以在白天看見恆星。

事實上，礦坑或深井可以幫助我們在白天看到星星這一觀點，在理論上是說不通的，白天之所以不能看到星星，是因為天空的光亮把它掩蓋住了，地球上受太陽光照亮的大氣妨礙我們看見它們，空氣的微粒所漫射的太陽光比恆星照射過來的光還強。即使人們進入到深的礦坑或井中，這一條件仍然沒有得到改變，空氣中的微粒，仍然可以漫射光線，使我們看不見星星。

只要做一個很簡單的實驗，就可以說明上述問題。找一個硬紙匣，在側壁上用針刺幾個小孔，再在壁外貼一張白紙，把這紙匣放在一間黑屋子裡，再在匣子裡面裝一盞燈。這時候，在那刺了孔的壁上就會出現一些明亮的光點，這和夜間天空的星星相似。然後，打開室中的電燈，這時象徵著天亮了，儘管匣裡的電燈還是亮的，但白紙上的人造星星，會立即消失得無蹤無影。

隨著科技的發展，人們可以利用望遠鏡在白天看到星星，許多人依然固執地認為那是由於「從管底」觀察的結果，但這實際上也是錯誤的。真正的原因是，望遠鏡中玻璃透鏡的折光作用和反射鏡的反光作用，使被觀察的那部分天空變暗，與此同時，光點狀的恆星被望遠鏡加亮，這樣，我們才看到了遙遠的恆星。

看來，我們在白天用肉眼是看不到其他恆星的，很多人可能會因為這個結果感到沮喪，但凡事都有少許例外。我們雖然看不到恆星，但有一些特別明亮的行星，比如金星、木星、火星，它們的光比恆星亮得

多，如果在太陽比較暗等條件合宜的時候，在白天也可以看得見。

上面的關於在深井中看到星星的理論，也許說的是這種情形，井壁擋住了強烈的太陽光，使我們的眼睛可以看得更清楚些，於是我們能夠看到比較近的行星，但這是絕不可能幫助我們看見遙遠的恆星的。

家族的棄兒

每個小嬰兒呱呱落地的時候，醫生會給他們磅一下體重。人類嬰兒出生時的正常體重範圍在2.5至4公斤左右，如果低於或者高出這個範圍，嬰兒的健康可能會存在問題，父母在撫養他們時，就需要花費更多的精力。

嬰兒出生時的體重跟健康息息相關。恆星的命運和我們人類十分相像，它們的體重也會影響到恆星的成長歷程和最終結局。而且，更加悲慘的是，有的星星因為體重未達標準，竟然被恆星家族拒絕接收了。

我們已經知道，恆星在還是一個高溫球狀體的時候，會努力地提升自身的溫度。因為如果溫度不夠高，就無法令氫核發生聚變而釋放能量。那些出生體重比較大的火球輕而易舉地實現了成為恆星的目標，然而對於那些體重偏小的火球來說，命運似乎就顯得有些不太公平了。

體重小的球體始終不能達到使氫元素發生聚變的條件，最終便未能成為恆星家族的一員。更倒楣的是，由於長相、習慣等太多地方都顯得有些格格不入，所以行星家族也將它們拒之門外。於是這些介於恆星與行星質量之間的可憐孩子們便成了沒人認領的棄兒。它們就是被稱為「失敗恆星」的褐矮星。

褐矮星的熱核反應異常微弱，以至於人們很難發現它們的存在。它們無法像恆星那樣發出巨量的光和熱能，而只能透過極弱的紅外線輻射來向外釋放能量。大部分的紅外線輻射在到達太空之前就已經被它自身的外層大氣吸收了，因此褐矮星看上去更像是一種不發光的天體。

在很長的一段時間裡，人們都沒能在實際的觀測中捕捉到褐矮星的身影。直到1995年，天文學家才發現了第一顆褐矮星——GI229B。由於它的亞恆星特徵十分明顯，因此看上去更像是一顆氣態的巨行星。20世紀初，隨著紅外線望遠鏡的廣泛使用，大量的褐矮星才從宇宙的黑色背景中漸漸地浮現出來。

褐矮星的壽命通常都很長，因為它們基本上不會消耗自身的物質與能量。某些褐矮星的表面溫度能夠使距它幾百萬公里內的行星上存在液態水，這便為生命的孕育提供了一些基礎的條件。

天文學家們還發現，褐矮星很有可能像恆星一樣擁有圍繞自己旋轉的行星系統。這也就意味著，我們或許能夠在褐矮星的周圍發現和地球類似的行星存在。

有關褐矮星是如何形成的問題，現在還沒有最終的結論。有人認為，它們是由還沒有發生氫核聚變的原恆星與其他天體碰撞後所遺留的產物。

對於褐矮星的研究，能夠幫助我們更清楚的理解恆星與行星的關係，以及它們各自的形成之謎。因此，這個恆星家族的棄兒，實際上早已成為天文學家眼中的寵兒了。

華麗的退場

對於熱愛觀星的人來說，再也沒有比天空中突然出現一顆新的明星更讓人激動的事情了。

西元1572年，丹麥天文學家第谷・布拉赫觀測到了仙英座附近的一顆新星。他在一本名為《關於新星球》的小冊子裡將這種突然變亮的星星命名為「新星」。

據他的描述，這顆新星比金星更為明亮，甚至在白天也能夠看到，但是它在一年多後忽然消失不見了。

那些在夜空中從未出現過的明亮星星，總是會在不久後又悄悄地消失。古代的人們形象地把這種星星稱之為「客星」，因為它們就像是到別人家裡做客一樣，輕輕地來了又匆匆而去。

現代天文學上，通常把這種奇怪的星星稱為「新星」。其實這是一個並不確切的說法，因為新星實際上並不是新誕生的恆星，相反，這些所謂的新星，其實是老年恆星死亡時的爆炸現象。

紅巨星在爆炸時，將自身的大部分物質全部拋射向四周，瞬間釋放的能量能夠使它的光度在短短的幾天時間內就增加幾十萬倍乃至千萬倍以上。除了變成一團行星狀星雲，紅巨星在爆炸之後，往往還會留下一個質量很大但體積很小的白矮星。由於引力很強，白矮星的表面會不斷吸收空間中的各種懸浮物。

這些白矮星原本都十分昏暗，但是當其表面積聚的氫等可燃物質發生劇烈的爆炸時，就會突然間變得異常明亮。這就是我們所看到的新星爆發，它只發生在恆星的表面。

超新星的爆發一般都發生在質量比較大的恆星身上。其亮度比新星高很多，相當於2億多個太陽或1000個新星的光度總和。超新星的爆發也不同於新星只在恆星表面的爆發模式，它是恆星深層次的內核大爆發。此外，超新星之所以不同於新星，還和恆星質量的大小有著密切的關係。

通常來說，8倍太陽質量以下的恆星，往往會爆炸成為星雲與白矮星，這種程度的爆炸一般是新星爆發。8倍太陽質量以上的恆星爆發一般都比較劇烈，爆炸後的遺物會塌縮成一個緻密的中子星。這一過程往往被稱

作超新星爆炸。而20倍太陽質量以上的恆星則會在爆炸後塌縮成黑洞，50倍以上的在理論上會直接變成黑洞從而跳過超新星爆發的階段。

超新星出現的頻率是難以估計的，按照瑞士天文學家茲維琪的推測，每一個星系都會在至少300年的間隔期裡發生一次超新星爆炸。

歷史上，人們曾多次觀測到超新星爆炸事件，如中國宋朝周克明等人發現了周伯星；丹麥天文學家第谷發現了仙后座的超新星；德國天文學家開普勒發現了蛇夫座的超新星等。

新星與超新星的爆發是老年恆星的華麗退場，也是天體系統不斷演化的必要環節。這種爆發會打破附近星雲內部物質的平衡，加速星雲中新的恆星的誕生。此外，死亡恆星內部重元素的拋射，也會為新生恆星與行星的誕生創造有利的條件。

超新星與宇宙中的重元素，以及新星和後代恆星的形成都有著極為密切的關係，然而我們現在對於它們的瞭解還十分有限。

這些恆星巨人的滅身絕唱，並不意味著恆星宇宙的完結，相反，它們正是眾多星辰誕生的新起點。

個子的傳奇

恆星家族是個龐大的家庭，這個家庭中，有很多矮小的恆星，它們的個頭一般比地球還小，有的甚至比月球還小；它們的表面溫度很高，發白光。所以，人們一般稱這一類恆星為「白矮星」。我們在前面已經多次講到白矮星，下面就來詳細地介紹一下它的成長史。

白矮星雖然矮小，卻是恆星家族的老年人。恆星在演化後期，會拋射出大量的物質，損失很多體重，如果剩下的核的質量小於1.44個太陽質量，這顆恆星便可能演化成為白矮星。

白矮星的表面溫度非常高，能達到10000°C以上，這是因為恆星在收縮的過程中釋放出了巨大的能量。別看白矮星的溫度很高，實際上中心的核反應已經停止了，所以白矮星是在逐漸變冷的，它用盡全部力氣來發光，最終將成為不發光的殘骸。

白矮星還有一個特點，就是密度大得驚人。一顆和地球一樣大的白矮星，體重卻比太陽還大。一般的白矮星，體重都是地球的幾十萬倍乃至幾百萬倍。

天狼星的伴星是人們在1862年發現的第一顆白矮星，它雖然比地球大不了多少，體重卻比地球大30萬倍。在天狼星的伴星上面，一塊像火柴盒那麼大小的石頭，就重5000公斤。如果地球保持現有的體重，密度變得跟天狼星的伴星一樣大，那麼地球就會變成一個半徑200公尺左右的小球體。

如果地球真的變成這樣的小球體，那麼人類很會存在嗎？如果地球真的變成這樣，那麼地球的重力將變成現在重力的18萬倍，人類休想能夠站得起來，因為人的骨骼早就被自己的體重給壓碎了。

目前，個小體重大的白矮星，科學家們已經發現了1000多顆。

雙胞胎和三胞胎

假如你有一個雙胞胎的兄弟，你們從小就生長在不同的地方，突然有一天，你們見面了。

「咦？你是誰？」你問。

「咦？你是誰？」他也這樣問。

你一定會誤以為是自己在照鏡子。

其實，看到你們在一起的人也會無法辨識，因為根本分不清你和他的區別。

人們通常在看到長得很像的雙胞胎的時候，都分不清他們誰是誰。這不僅發生在人類世界當中，在大大小小的恆星家族中，也發生過。

恆星家族裡也有許多和人類社會中相類似的雙胞胎，甚至多胞胎。

在滿天的繁星中，有的恆星緊緊地靠在一起。這其實有兩種可能：一種可能是，這兩顆恆星實際上距離非常遠，但是從地球上看上去，它們彷彿是關係親密的兄弟，事實上這是我們人類的一廂情願。

還有一種可能是，這兩顆恆星確實是靠在一起，而且，它們同時出生，彼此之間還存在著引力作用，很難分開，就像是「雙胞胎」一樣。

後一種情況，天文學家稱其為雙星。除了雙星系統，還有眾多不超過十顆星的多星系統，如三合星、四合星等。

我們如果把望遠鏡對準十字星座末端的天鵝β星，就可以看到在一顆明亮的黃色星星之下，懸掛著一顆發著幽幽藍光的小星星。這就是一對美麗的雙星。雙星中的兩顆恆星稱為子星，其中，較亮的子星為主星，較暗的子星為伴星。

多星系統的成員其實並不像雙胞胎兄弟那樣是同時誕生的，它們常常處於不同的年齡階段，更像是一個老中青三代結合的大家族。一個晚年恆星與幾個比較年輕的恆星共同生活，是常見的事情。

像三合星、四合星這樣的恆星「多胞胎」，天文學家稱其為聚星。科學家估計，銀河系的恆星中，大約有一半以上是雙星或聚星。

指明方向的星

在沿海或內河沿岸的許多地方，我們總能看到一些高高聳立的燈塔。一到傍晚，這些燈塔就會發出輻射很遠的光束，遠遠望去十分美麗。對於夜晚出航的行船來說，燈塔是重要的航標，它會透過不同顏色或頻閃的光束來告訴水手們，哪裡有危險，哪裡適合航行。

浩瀚的星海中，也有一些恆星擔當了燈塔的角色。它們的光亮忽明忽暗，有著規律性的變化，於是人們給它們取了一個簡潔而生動的名字——變星。

1596年，德國天文學家達・法布里休斯在鯨魚座內發現了一顆亮度有週期性變化的3等星。後來，德國天文學家海威留斯將這顆恆星命名為鯨魚怪星。這是被人們所發現的除新星之外的第一顆變星。

1784年，人們在仙王座發現了一顆變星，即仙王座的仙王座δ星，由於這是這種類型變星中被確認的第一顆，而中國古代又稱其為造父一，因此被叫做造父變星。

1908～1912年，美國天文學家勒維特在研究大麥哲倫星雲和小麥哲倫星雲時，在小麥哲倫星雲中發現了25顆變星，它們的亮度越大，光變週期越大，非常有規律。於是，科學家經過研究最終發現，造父變星的亮度變化與它們變化的週期之間存在著確定的關係，即光變週期越長，平均光度越大，他們把這叫做周光關係，並得到了周光關係曲線。

宇宙中，在測量不知距離的星團、星系時，只要能觀測到其中的造父變星，就可以利用周光關係將星團、星系的距離確定出來。因此，造父變星也被稱為宇宙的「量天尺」。

據觀測，造父一最亮時的星等是3.5，最暗時星等是4.4，它的光變週期非常準確，為5天8小時47分28秒。通常，造父變星的光變週期有長有短，但大多都處於1～50天之內，並且以5～6天最多當然也有長達一二百天的。

此外，造父變星都屬於巨星、超巨星，一顆30天週期的造父變星就要比太陽明亮4000倍，1天週期的也要比太陽明亮100倍，因此很容易利用它們的周光關係來測量其所在的星系的距離。

目前，造父變星通常分為幾個子類，表現出截然不同的質量、年齡和演化歷史，即經典造父變星、第二型造父變星、異常造父變星和矮造父變星。

經典造父變星，也稱為第一型造父變星或仙王座δ型變星，以幾天至數個月的週期非常有規律地脈動，常被用來測量本星系群內和銀河外星系的距離。著名的北極星就是一顆經典造父變星，光變週期約為4天，亮度變化幅度約為0.1個星等。

由於造父變星本身亮度巨大，用它來測量遙遠天體的距離非常方便。而除了造父變星，其他的測量遙遠天體的方法還有利用天琴座RR變星以及新星等方法。

不過，天琴座亮度遠小於造父變星，測量範圍比造父變星還小得多，精確性也不如造父變星，因此比較少用。

3.

在天上流浪的孩子——好動的行星們

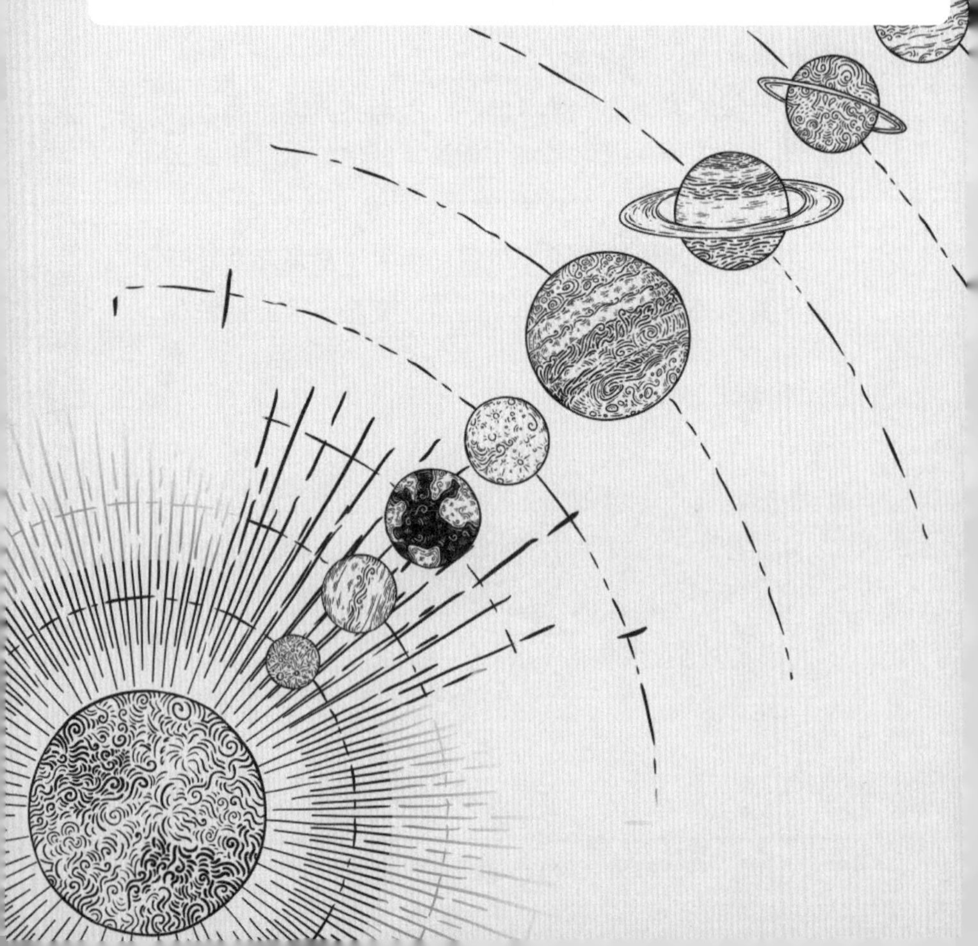

神速金剛

如果讓太陽系裡的大行星們賽跑，速度最快的一定是水星。在太陽系中，大個子的行星每次比賽，水星肯定獲得冠軍。

一說到水星，我們不禁產生顧名思義的理解，立刻想問：水星是水做的嗎？水星上是不是有很多水？

其實，水星是太陽系中一顆普通的行星，並不是水做的或有很多水。古代中國人把水星稱為「辰星」，而在古羅馬神話中，水星是商業、旅行和盜竊之神，即「太空中的信使」。

有趣的是，水星這個太空信使的確跑得非常有速度，讓它完成送信的任務一定不負使命。它是太陽系中運動最快的行星，環繞太陽一周只需要88天，當然是跑一圈最先到達終點的了。

最早發現水星的是古希臘人，大約在西元前3000年的蘇美爾時代，古希臘人就發現了水星的神祕蹤跡。由於水星總是在急速地運動，好像在和我們玩捉迷藏的遊戲。

它剛剛出現，又很快隱藏，在落日的光輝裡閃耀一下它的光芒，然後又迅速融合在陽光裡，過幾天又出現在破曉的東方天空，有時是昏星，有時又是晨星。所以古人還以為它是兩顆不同的星星呢！古埃及人把它們叫做塞特和何露斯，古希臘人把它們當作阿波羅和墨丘利兩尊大神來崇奉。

後來才知道，其實它們是同一顆行星，只不過在不同的時辰看到而已。

從地球上望去，水星出現在天空上的太陽附近，經常被掩蓋在太陽的光輝之中，因此即使在有利條件下，人們也只有在夕陽餘暉中或黎明時才能見到它的身影。正因為人們很難與水星見面，所以對它的瞭解一直不多，就連它的自轉週期，也是直到1965年才確定的。

水星距太陽5800萬公里，是太陽系中和太陽最近的行星。水星沒有衛星，它的體積在太陽系的行星中列倒數第一位，在冥王星未被排除之前倒數第2位。因為水星與太陽非常接近，所以它的白晝地表溫度可高達427^{0}C，而到晚上又驟降至－173^{0}C。

水星的公轉週期約為88天，自轉週期約為59天。這樣一來使得水星的1晝夜長達176天。所以一進入夜晚，水星表面將連續幾周處於黑暗中。這也是造成水星表面晝夜溫度差別巨大的原因之一。

由於水星表面溫度太高，它不可能像它的兩個近鄰金星和地球那樣保留一層濃密大氣，因此無論是白天還是夜晚，水星的天空都是漆黑的。在水星漆黑的天空中可以看到明亮的金星和地球。

水星上面佈滿了深淺不一的隕石坑，這表明水星也遭受過隕石接連不斷的轟擊。但水星也有廣闊的平原，它在形成初期可能是液態的，後來逐漸冷卻凝固成了一個岩石星球。水星表面還縱橫交錯地分佈著一些非常長的懸崖峭壁，最高的可達三千多公尺。

水星有一個主要由鐵和鎳構成的核，水星幔和殼的主要成分則是矽酸鹽。水星上沒有液態的水，但1991年在水星北極地區觀測到一個亮斑。據推測，這個亮斑可能是由於貯存在水星表面或地下的冰反射了陽光造成的。

儘管水星表面溫度極高，但在其北極的一些隕坑內終年不見陽光，溫度常年底於－161^{0}C。這足以使來自水星內部或宇宙空間的水分以冰的形態在那裡保存下來。

陽系中的壞脾氣美女

太空中每天第一個告別曙光，又第一個迎來晚霞的宇宙使者就是金星。

中國古人把它叫「太白」或「太白金星」。它有時是晨星，黎明前出現在東方天空，被稱為「啟明星」；有時是昏星，黃昏後出現在西方天際，又被稱為「長庚星」。

金星是在太陽系中，除了太陽和月亮外，天空中最亮的一顆星，猶如一顆耀眼的鑽石。於是古希臘人稱它為阿佛洛狄忒——愛與美的女神；而羅馬人則稱它為維納斯——美神。

由於金星表面有一層厚厚的雲，過去用光學方法難以觀測到它的表面情況。隨著無線電技術的發展，20世紀60年代初，天文學家接收到金星表面返回的雷達波，得到了金星表面的第一幅圖像。並驚奇地發現金星與其他行星相反，自轉方向是順時針的。因此，在金星上看到的太陽是從西方升起來，從東方落下去。

金星距太陽約10800萬公里，它繞日公轉一周需225天。偶爾，金星也會從太陽表面掠過，這叫金星凌日。金星的自轉週期為243天，比公轉週期還長。也就是說，金星上的一天比一年還長。

金星與地球很相似，也是一個有較密大氣層的固體球，金星的大小跟地球差不多，它的半徑比地球小3公里，質量是地球的4/5，平均密度約為地球的95%，由於這幾項數值和地球十分相近，因而在過去的天文文獻中，多稱金星和地球為孿生姐妹。但這兩個孿生姐妹卻彼此不大相同。

金星沒有磁場和輻射帶，其大氣的組成和地球迥然不同：地球大氣以氮、氧等氣體為主，二氧化碳很少；在包圍著金星的大氣中，97%以上是二氧化碳，此外，還含有少量的氮、氬、一氧化碳、水蒸氣及氯化氫等。金星上空閃電頻繁，每分鐘達20多次，常常是電光閃閃的景象。

前蘇聯的「金星」12號1978年12月21日在下降到金星表面的過程中，僅僅在從11公里高空下降到5公里的期間，就接連記錄到1000次閃電。有一次特別大的閃電

竟持續了15分鐘。

更驚人的是，在離金星表面30～88公里的空間，密佈著一層有腐蝕性的濃硫酸霧。金星的地表大氣壓是地球上的九十多倍，地表溫度高達480^{0}C以上，不存在任何液態水。這麼個令人窒息的環境，被天文學家戲稱為「太陽系中的地獄」

美麗的金星竟然如此壞脾氣，它絕對不是地球的孿生姐妹。

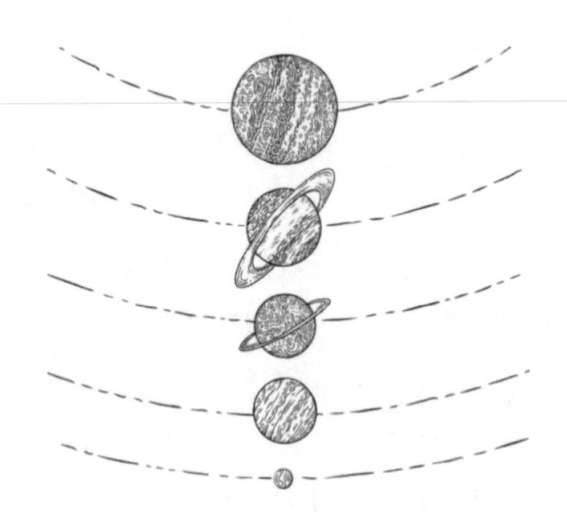

地球的孿生兄弟

在古羅馬的神話中，戰神瑪律斯是戰爭與毀滅的化身，火星的微紅色很自然地讓人聯想到戰爭的血與火，於是火星被古人視為戰爭和戰神的象徵。至今，英語中火星仍叫「瑪律斯」，天文學中火星的符號是瑪律斯的長槍和盾牌兩者的組合。

火星按離太陽由近及遠的順序為第四顆行星，肉眼看去是一顆引人注目的火紅色的亮星。它緩慢地穿行於眾恆星之中，從地球上看火星時而順行，時而逆行。

火星最暗視星等約為＋1.5等，最亮時比最亮的恆星天狼星還亮，達－2.9等。這是由於地球和火星分別在各自的軌道上運行，它們之間的距離總在不斷變化。

火星是地球軌道之外的第一顆行星，也是人們談得最多的行星之一，尤其是19世紀70年代以後的半個多世

紀中。主要的原因大概是它在某些方面與地球有相像之處，就像是地球的孿生兄弟。

火星是小型的地球，好像故意放在我們的眼前，給我們作比較似的，火星和地球相似之點很多：同樣的自轉形成晝夜，同樣的公轉形成四季，同樣有固定的形態，可根據它來繪製地圖，同樣有氣象的變化，同樣有山川隨季節而變色，同樣的在極地上堆積著冰雪。

這一切都足以使這顆近鄰的行星成為我們最近緣的親屬。根據比較推理的方法，更進一步，我們便可斷定火星上具有有機體的生命。

其實，火星並不如人們想像的那樣美妙，它的表面滿目荒涼，基本情況就是乾旱。火星表面佈滿了氧化物，因而呈現出鐵銹紅色，又被稱為紅色的行星。

火星表面的大部分地區都是含有大量的紅色氧化物的大沙漠，還有赭色的礫石地和凝固的熔岩流。火星上常常有猛烈的狂風，狂風揚起沙塵能形成可以覆蓋火星全球的特大型沙塵暴。

每次沙塵暴可持續數個星期。一直以來，火星都以它與地球的相似而被認為有存在外星生命的可能。但研究顯示，目前還不能證明火星上存在生命；相反，越來越多的跡象表明火星更像是一個荒蕪死寂的世界。

儘管如此，某些證據仍然向我們指出火星上可能曾經存在過生命。例如，對在南極洲找到的一塊來自火星的隕石的分析顯示，這塊石頭中存在著一些類似細菌化石的管狀結構。

從火星表面獲得的探測資料證明，火星兩極的冰冠和火星大氣中含有水分。在遠古時期，火星曾經有過液態的水，而且水量特別大。這些水在火星表面彙集成一個個大型湖泊，甚至是海洋。

現在我們在火星表面可以看到的眾多縱橫交錯的河床，可能就是當時經水流沖刷而成的。此外，火星表面的許多水滴型「島嶼」也在向我們暗示這一點。所有這些都使人們對火星是否存在生命保持極大的興趣。

自從認識到火星和地球的相似性，對於探索外星生命充滿熱切希望的人們就開始了探索火星的歷程。1962年11月，前蘇聯發射了「火星一號」探測器，探測器掠過火星表面進行探測活動。

但「火星一號」在飛離地球1億公里時與地面失去了聯繫，從此下落不明。作為人類發射的第一個火星探測器，它被普遍認為是人類火星之旅的開端。1976年7月20日，來自地球的第一個「使者」——「海盜一號」著陸艙在火星表面軟著陸。

幾十年來，世界上越來越多火星探測器發射升空，我們期待著對火星的瞭解也會越來越多。

太陽的接班人

太陽系裡的行星喜歡賽跑、喜歡選美，但你一定沒聽過那些行星也喜歡比賽誰個大。如果找出它們的冠軍，那真是顯而易見，肯定非木星莫屬，把它比作一個小型的太陽也不為過。

它那圓圓的大肚子裡能裝下1 300多個地球，質量是地球的318倍。太陽系裡所有的行星、衛星、小行星等大大小小天體加在一起，還沒有木星的分量重。天文學上把木星這類巨大的行星稱為「巨行星」，西方人把它稱為天神「宙斯」。

木星雖然個頭大，但距地球較遠，所以看上去還不及金星明亮。木星繞太陽公轉一周約需12年時間，因此，幾乎每年地球都有一次機會位於太陽和木星之間。在這些日子裡，太陽落山時，木星正好升起，人們整夜都可見到它。木星軌道外的其他行星也有這一特徵。

木星大約12年在星空中運行一周，每年經過一個星座。中國古代把木星在星空中的運行路線分為「十二次」，木星每行經「一次」，就是一年，所以木星在中國又有「歲星」之稱，用以紀年。據說，這種歲星紀年是十二地支的前身。

木星自轉一周為9小時50分，是八大行星中自轉最快的。由於木星快速的自轉，它有一個複雜多變的天氣系統，木星雲層的圖案每時每刻都在變化。

我們在木星表面可以看到大大小小的風暴，其中最著名的風暴是「大紅斑」。這是一個朝著順時針方向旋轉的古老風暴，已經在木星大氣層中存在了幾百年。大紅斑有三個地球那麼大，其周邊的雲系每四到六天就運動一周，風暴中央的雲系運動速度稍慢且方向不定。由於木星的大氣運動劇烈，致使木星上也有與地球上類似的高空閃電。

對於木星來說，最大的新聞就是它有可能成為太陽的「接班人」，這不僅是因為木星跟太陽的密度很接近。最關鍵的是，近年來，對木星的考察表明：木星正在向外釋放巨大的能量。

它所釋放的能量是它從太陽獲得能量的兩倍，這說明木星內部存在熱源。

我們知道，太陽之所以不斷放射出大量的光和熱，是因為太陽內部時刻進行著核聚變反應，在核聚變過程中釋放出大量的能量。木星是一個巨大的氣態行星，最外層是一層主要由分子氫構成的濃厚大氣，本身已具備了無法比擬的天然核燃料。

木星的中心溫度估計高達30500°C，這就使得它具備了進行熱核反應所需的高溫條件。至於熱核反應所需的高壓條件，就木星的收縮速度和對太陽放出的能量等特性來看，經過幾十億年的演化之後，木星的中心壓可達到最初核反應時所需的壓力水準。

所以，有些科學家猜測，再經過幾十億年之後，木星將變成第二個太陽，從一顆行星變成一顆名副其實的恆星。

美麗光環的擁有者

羅馬神話中，土星的名稱來自於農業之神薩圖爾努斯。土星就像個大烏龜，跟其他行星比起來，它的運動遲緩，不緊不慢，真有老壽星的姿態。於是，人們便把它看做是掌握時間和命運的象徵。

無論東方還是西方，都把土星與人類密切相關的農業聯繫在一起，在天文學中表示的符號，像是一把主宰著農業的大鐮刀。

如果你有一架小型天文望遠鏡，並且喜歡用它來觀看天上的星星，你一定會發現土星的形狀非常奇特。從地球上看過去，土星就像一頂熠熠生輝的美麗草帽，在不同的月份或者年份中，這頂「草帽」的形狀還會發生變化，讓人歎為觀止。這頂美麗草帽，帽子就是土星本體，而「帽檐」就是土星本體周圍的土星光環，又稱土

星環。

土星環的發現歷程非常的漫長：

1610年，義大利天文學家伽利略觀測到在土星的球狀本體旁有奇怪的附屬物。實際上他所觀測到的就是土星兩側的光環部分，但當時伽利略完全沒有意識到這一點。

鑑於已發現了木星的4顆大衛星，於是伽利略便猜測這也許是土星的兩個衛星。不過，由於情況不如木星衛星那樣清晰，而且過一段時間這兩個附屬物又看不到了，於是伽利略沒有馬上宣佈他的這一發現。

1659年，荷蘭學者惠更斯認出這是離開本體的光環。但此後二百年間，土星環通常被看做是一個或幾個扁平的固體物質盤。

直到1856年，英國物理學家麥克斯韋從理論上證明了這種環狀結構只能是由繞土星旋轉的無數「迷你衛星」組成的，不可能是整塊的物質盤。

40年後，天文觀測證實了麥克斯韋的觀點，最終闡明了土星光環的本質。

現在，我們知道組成土星光環不是一個整體，它包含7個小環，環外沿直徑約為274000公里。

光環主要由一些冰、塵埃和石塊混合在一起的碎塊構成的。這些碎塊可能是一顆遠古時代的土星衛星在土星系潮汐引力的作用下瓦解後剩下的殘片。此外，土星還是太陽系中衛星數目最多的一顆行星，周圍有許多大大小小的衛星緊緊圍繞著它旋轉，就像一個衛星家族。

在土星的衛星中，最能引起科學家興趣的是土衛六。它是土星衛星中最大的一個，也是已知整個太陽系中唯一一顆擁有濃密大氣層的衛星。它於1655年被荷蘭天文學家惠更斯發現。

長期以來，土衛六一直被認為是衛星中體積最大的，過去認為它的表面溫度也不是很低，因而人們推測在它上面可能存在生命。

不過，美國發射的「旅行者一號」探測器發回的資料卻令人失望，它發現土衛六的直徑只有5150公里，並不是太陽系中最大的衛星（木衛三的直徑最大為5262公里），它有一層稠密的大氣層和一個液態的表面，其大氣層至少有400公里厚，甲烷的成分不到1%，大氣的主要成分是氮，占98%，還有少量的乙烷、乙烯及乙炔等氣體。

土衛六的表面溫度在－181^{0}C到－208^{0}C之間，液態表面下有一個冰幔和一個岩石核心。飛行船在土衛六上轉了又轉，未發現存在任何生命的痕跡，真是可惜。

赫歐爾的發現

1781年3月13日深夜，天空繁星點點，是個觀察星空的好時機。於是，英國天文學家赫歐爾將自製的望遠鏡架在樓頂平台上，指向他觀察已久的雙子星座。他是那麼的投入，以致他的心完全沉浸在天空中星星的海洋裡。突然，鏡頭裡出現了一個略顯暗綠色的光點，那可是他從未見過的一顆新星。在他確定自己沒有看錯後，又換上倍數更大的望遠鏡進行觀察，結果發現這個圓面又大了不少。

換鏡頭後，星體如果增大，則是行星或彗星。如果星體不變，則是恆星。在赫歐爾幾次更換，而且這顆星星一定存在於太陽系中。第二天深夜，他又把望遠鏡對準了這個目標，這個圓面的位置已經稍稍變動了一些。

經過數日的觀測後，赫歐爾毫不猶豫地判定：這是一顆彗星。但是，透過270倍的望遠鏡頭進一步觀察發現，這顆彗星周圍沒有霧狀雲以及彗星尾，而天文學常識告訴我們，一般的彗星多數都有彗星尾，即使沒有彗星尾，周圍也要有霧狀雲。

「這恐怕不是一顆普通的彗星！」赫歇爾又重新做出一個判斷。為了慎重起見，4月26日，他還是先把它當作彗星，寫了一份《一顆彗星的報告》呈給英國皇家學院。他在報告中指出，這顆闖入鏡頭的「新客」是一顆沒有尾巴的彗星。

赫歇爾發現新彗星的消息傳開後，許多天文學家的望遠鏡都瞄準了這顆新星進行追蹤觀測，最後，天文學界達成共識：這不是彗星，是一顆行星。於是，赫歇爾的發現，使太陽系增加了一位新成員——天王星。

天王星是太陽系八大行星之一，在太陽系排行第七，距太陽約29億公里。它的體積很大，是地球的65倍，僅次於木星和土星；它的直徑為5萬多公里，是地球的4倍，質量約為地球的14.5倍。看上去它是一顆藍綠色的星球。

赫歇爾的這個重大發現引起了強烈的轟動。因為，長期以來，人們公認土星是太陽系的邊緣，而現在卻要打破這一邊界，讓這個新發現的行星來代替土星，確實很難讓人接受。

因而人們對它的名字花起了心思：赫歇爾建議把這顆行星命名為喬治星；波德提出把它稱為烏拉諾斯，就是「天王星」。波德的想法，是因為神話中天王是土星的父親，這樣一來，木星、土星和天王星，兒子、父親、祖父三代並列於太陽系中，多麼有意思。

不過這種提法一直沒有被採納，直到1850年才開始廣泛使用。但是，一些科學家為了紀念它的發現者，仍然叫這顆行星為赫歇爾。天王星和赫歇爾這兩個名字在很長一段時間內都被人們一起使用。

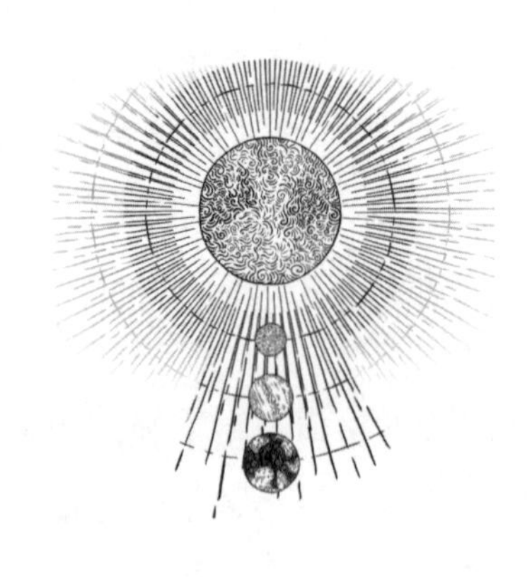

筆尖上的星球

天王星被發現以後，為了確定天王星軌道，天文學家對其位置作了數年的觀測，以確定其暫態位置和運動速度。

牛頓的萬有引力定律，準確地描述了行星沿特定的運行軌道繞太陽公轉。因此，用它就可以預報行星和彗星的位置。然而，天王星的運動卻出乎意料。天王星的這一反常行為，給天文學界帶來了許多疑問。於是他們開始懷疑萬有引力是不是有問題，或者在天王星之外，是否還存在一顆未知名的行星。而驗證它們所懷疑的第二個問題的唯一辦法，就是運用天體力學將造成天王星攝動的新行星算出來。

在此之前，英國劍橋大學數學系的學生亞當斯，得知天王星的軌道之謎後，就開始研究天王星的運行問題。

他綜合當時天文學家對天王星的軌道計算的一些情況，認為一定還有一顆未發現的行星存在，是這顆行星的引力影響了天王星的軌道，而不是萬有引力定律或觀測資料有錯。亞當斯借來天文台的全部觀測資料，利用課餘時間進行了大量計算。

經過兩年的努力，亞當斯終於在1843年10月21日完成了計算。他把結果送給了皇家天文台台長艾利，希望他能幫助確認這顆新的行星。

但令人遺憾的是，艾利對這位年輕大學生的研究成果不屑一顧，順手把這份資料塞進了抽屜。然而，就在亞當斯計算新行星軌道的同時，法國天文學家勒維烈也在進行同樣的工作。

1846年8月31日，勒維烈發表了他的研究成果，並寫出了「論使天王星運行失常的行星，它的質量、軌道和現在位置的決定。」艾利聽到這個消息後，突然想起了亞當斯的計算。於是，急忙找出來一對照，讓他大吃一驚的是，其結論與亞當斯基本相同。

1846年9月23日，柏林天文台的天文學家卡勒，接到了勒維烈的一封來信和論文，當天晚上就將望遠鏡對準了勒維烈所說的天區，他仔細地記下了他所觀察到的每一顆星，然後將新紀錄的諸星與不久前剛得到的一張詳細的星圖進行比較，發現在勒維烈所說的位置附近有一顆新的行星。

柏林天文台發現新行星的消息傳到了英國，皇家天文台台長艾利深感震驚，他立即找出了勒維烈的論文摘要，這下又讓他大吃一驚，亞當斯早就給出了同樣準確的預言。

他連忙發表了這份一年前就交給他的論文摘要，好讓這件事在科學界真相大白。於是，卡勒與法國的勒維烈和英國的亞當斯一道，被世人公認為這顆新行星的發現者。當時，在這顆行星的發現權問題上，英法兩國還發生過爭吵。同時，在給新的行星命名問題上也存有分歧。

發現之一的勒維烈主張沿襲神話神名命名行星的做法，用海洋之神耐普頓命名，這一不帶民族主義特色的主張馬上得到了廣泛的認同。於是，就有了現在我們所熟知的「海王星」這個名字。

被開除的大行星

海王星發現以後，天文學家們又覺察到，當把海王星對天王星的引力影響考慮在內，天王星的計算位置和實測結果仍有微小的偏離，海王星的運動也不很正常。

19世紀末，許多人猜測在海王星外可能還有大行星。1905年，美國天文學家洛威爾預測、推算出了這顆大行星的位置，並用照相方法搜尋。但由於這顆星太暗了（亮度為15等），多年尋找均未能成功。

1929年，人們製作了一架專門為這個課題而設計的廣角天體照相儀，並在沿黃道帶天區巡視。年輕的觀測員湯博經過一年的辛勤努力，檢視底片上幾十萬個星象，終於在1930年2月發現了這顆不易認出的行星，取名為冥王星。

此星之所以命名為冥王星，是因為它是一顆死寂的行星。冥王星在遠離太陽59億公里的寒冷陰暗的太空中緩緩而行，繞太陽運行一周歷時248年之久。從冥王星上看太陽只是一顆明亮的星星，這情形和羅馬神話中住在陰森森的地下宮殿裡的冥王普魯托非常相似，因此，人們稱其為普魯托，普魯托是古羅馬人的冥界之王，中國人稱為冥王星。

冥王星是唯一一顆還沒有太空飛行器訪問過的行星。甚至連哈勃太空望遠鏡也只能觀察到它表面上的大致容貌。從發現它到現在，人們只看到它在軌道上走了三分之一圈，因此過去對其知之甚少。

經過幾十年的發展，隨著天文觀測技術的進步和有關冥王星參數的增多，一方面它作為行星的理由在不斷補充，另一方面否定它行星資格的疑問也接踵而來，致使天文學家對冥王星在太陽系中究竟是九大行星之一，還是小行星的地位爭論不休。認為冥王星符合行星基本特徵的理由是：它是圍繞太陽旋轉的圓球形天體，它擁有一顆天然衛星，還有大氣層，具備了作為行星的基本條件。

20世紀90年代，天文學家們借助航太觀測技術對其有了進一步的瞭解，特別是1994年哈勃太空望遠鏡拍攝了十幾幅冥王星的照片。這些照片幾乎覆蓋了冥王星表面。經過研究，部分天文學家認為，由於冥王星與其他八大行星相比有明顯的不同，最初發現冥王星的時候，天文學家錯估了冥王星的質量，以為冥王星比地球還大，所以命名為大行星。

然而，經過進一步觀測發現，冥王星的直徑只有2300公里，比月球還要小，此外還發現冥王星的軌道特殊、自轉異常等等。所有這些都說明冥王星不應該是太陽系中第九顆行星，而應歸類於小行星。

2006年8月24日，國際天文學聯合會大會投票部分通過新的行星定義，不再將傳統九大行星之一的冥王星視為行星，而將其列入「矮行星」，冥王星從此被開除出「大行星」的行列。

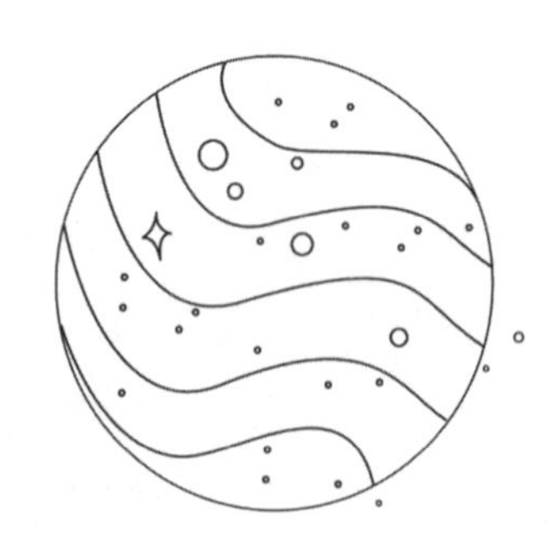

4.

神祕的天外來客——小行星、彗星和流星

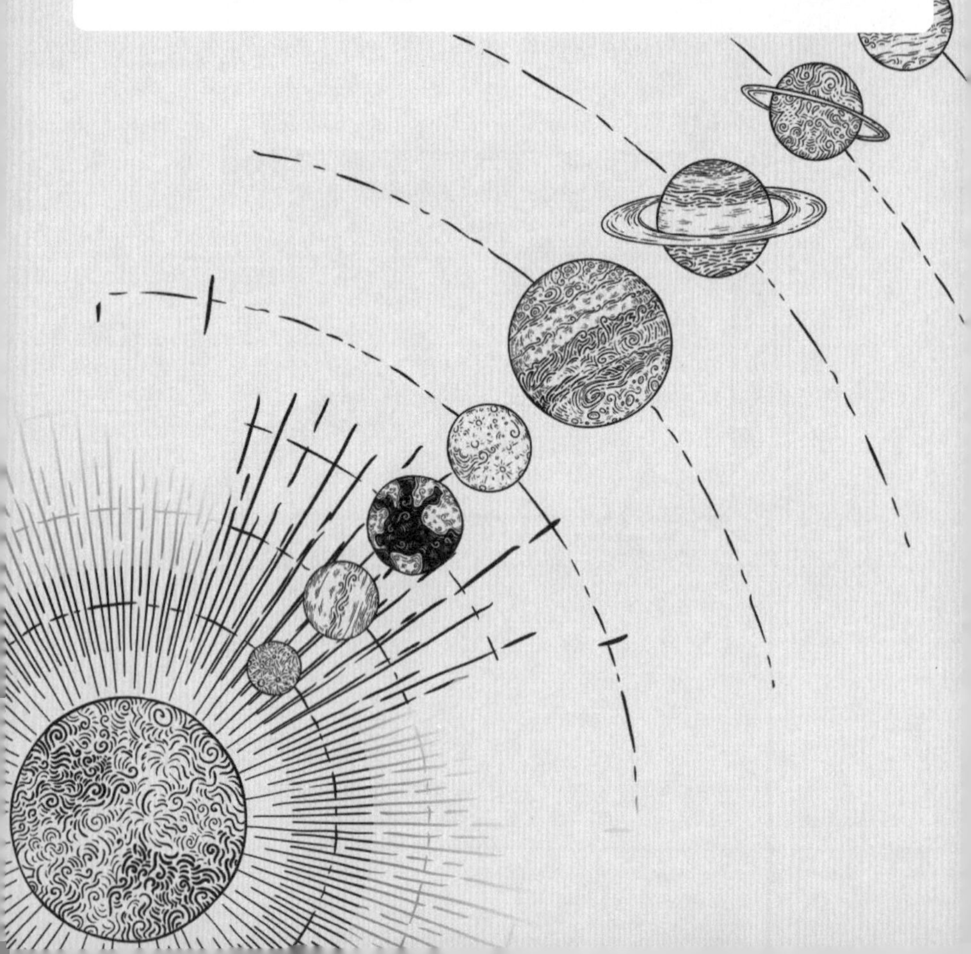

中漂泊的童子軍

在星空當中，存在了許多恆星和星雲，它們肉眼可及。而在太陽系，我們都知道有幾顆大的行星在圍繞太陽不停地轉圈，我們也可以透過肉眼在天空中發現他們的存在。

可是，還有一些漂泊在太陽系的行星童子軍團，它們也馬不停地地圍著太陽亂轉，儘管我們看不見、卻真實存在著，他們就是不喜歡閃爍的小行星。

1801年1月1日夜晚，地中海的義大利西西里島上的巴勒莫天文台裡，台長皮亞齊並沒有因為是元旦佳節而放棄大好的晴天，停止觀測。他一如既往地工作在自己的望遠鏡旁，觀測、尋找、記錄……突然，他在金牛星座的空間裡，發現了一顆「行動」有點特殊的天體。

皮亞齊一開始認為這大概是一顆彗星，可是，它為

什麼不像一般彗星那樣，有一個雲霧狀的頭部和拉長了的尾巴呢？消息很快就被傳開來，傳到了每個關心著尋找新行星的天文學家的耳朵裡，大家抓緊時間觀測，迫不及待地想弄個水落石出。

沒有多久，新天體與太陽間的確切距離被算了出來，是2.77天文單位，當時的科學家們測得這顆星體的直徑是700多公里（目前，它的直徑被定為1000公里），只比我們地球的衛星——月球直徑的20%略多一些。

這麼小的一個天體無論如何是不可能獲得「大行星」的稱號的，可是，它終究還是像大行星那樣繞著太陽轉呀，這是無法否定的。

結果是，它獲得了「小行星」的名稱，是太陽系裡一種前所未知的、十足的「新品種」天體。它被稱為穀神星。

1802年3月，德國天文愛好者奧伯斯發現了第二顆小行星——智神星，接著又連續發現了婚神星和灶神星。19世紀末開始用照相方法尋找小行星之前，全世界已發現322顆小行星。

此後小行星的發現逐年增多，特別是近年來由於技術大的改進，每年發現的小行星數竟達二、三百顆。到1994年底被正式編號命名的小行星已達5300多顆。天文學家推測，太陽系內小行星大約有50萬顆。

小行星在天文學研究中具有重要作用：太陽系是在46億年前由一團混沌星雲凝聚而成的，而當初星雲形成太陽系的具體過程已無法從地球或其他行星上找到痕跡了，只有小行星和彗星還保留著許多太陽系形成初期的狀態，因此它們被天文學家稱為太陽系早期的「活化石」。

透過空間遙感技術，如今發現地球上有100多個隕石坑，其中91處推測是小行星撞擊造成的。據科學家考證，1976年中國吉林隕石雨的母體就是接近火星軌道的阿波羅型小行星的一個碎塊。

雖然小行星撞擊地球造成的危害很大，但是這種幾率是微乎其微的。研究顯示，直徑10公里大小的小行星平均1億年左右才會與地球相撞一次，地球每百萬年受到三次較小的小行星的撞擊，但其中只有一次發生在陸地上。

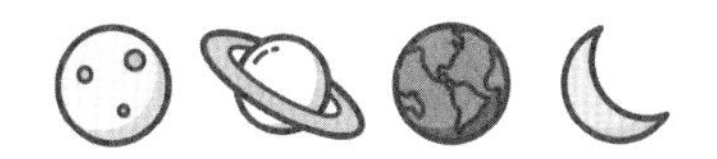

戴著假髮的星星

告訴你一個祕密，天上有一種星星，喜歡戴著假髮，古希臘人把這種星星生動的稱為「髮星」，這是因為這些星星在進入我們視線的時候，都拖著長長的雲霧狀尾巴。

這些戴著假髮的星星，學名叫做「彗星」，是太陽系中小天體之中的一類。它們也像行星一樣繞著太陽旋轉，只不過軌道的長度要比一般的行星長得多。在距離太陽比較遠的時候，彗星就像是一個冒著森森寒氣的冰塊。

在這個冰塊中冷凍著各種破碎的物質與塵埃。大多數情況下，彗星都在遠離太陽的軌道上運行，所以我們是看不到它們的。

但是彗星都是非常優秀的演員，每當它們接近太陽時，就會戴上華麗的假髮，以光彩奪目的姿態出現在我們的面前。而一旦離開了太陽這個熾熱的「聚光燈」，它們就會悄悄地摘掉頭上的假髮，隱遁在黑暗的深空裡。這是因為當彗星運行到太陽附近的時候，高溫的烘烤，使彗星的固體物質發生氣化蒸發與膨脹噴發，於是就形成了美麗的彗尾。

我們平時所見到的彗星的那一頭「長髮」，事實上就是彗尾。其實，能夠透過肉眼觀察到的明亮彗星每兩三年就會出現一顆。如果你仔細觀察，就會發現，除了擁有美麗的長尾巴，彗星還總有一個最為明亮的光點，這就是彗星的彗核。

而籠罩在彗核外的霧氣被稱作彗髮。彗髮是由氣體和塵埃組成的霧狀氣團，密度往往不及地球大氣的十億分之一。

但是彗髮常常能夠輻射出幾十萬公里的範圍，使彗星的體積總是處在一種上下浮動的狀態之中。

彗星的運行軌道還會受到大質量行星的影響，一些太陽系內的週期彗星，很有可能會在行星的「排擠」下，因為軌道變形而被踢出太陽系。

而那些因行星的引力牽引而逐漸減速的非週期彗星，也可能成功地被太陽系所「俘獲」，從而變身為一顆週期彗星。

由於並不瞭解一些彗星是週期性運動的天體，所以人們最初總是把同一顆彗星的幾次週期性出現當成了不同的幾顆彗星。

例如著名的哈雷彗星，它曾分別於1531年、1607年和1682年回歸過地球，哈雷認為這應該是同一顆彗星的幾次回歸，於是才大膽地預測它將會在1758年前後再次歸來。

我們比較熟悉的彗星都是有著橢圓形軌道的週期彗星。這一類彗星的週期有長有短，回歸週期在200年以內的彗星，又被稱為短週期彗星；而回歸週期超過200年以上的則被稱為長週期彗星。

然而並不是所有能被我們觀測到的彗星，都有著橢圓的軌道和週期性回歸習慣的，也有許多彗星的軌道呈現出一種奇特的拋物線或雙曲線形狀。

這些形狀怪異的彗星都是太陽系外的來客，它們也許只是無意間從我們的上空一閃而過，之後便永遠地消失在漆黑的宇宙深處。這些彗星都是一些一生只「喬裝演出」一次的非週期性彗星。

哈雷的意外收穫

誰會在旅行時發現新的星星呢？如果換做是你，一定會被各地的美食和美景迷惑，肯定不會注意天上的星星發生了什麼變化。但有個人，無論是在家還是旅行，心思都會放在觀察天空，而他就是英國偉大的天文學家哈雷。

1680年，哈雷正在法國渡假。一天夜晚，他突然發現了有史以來最亮的一顆大彗星。他想，這是什麼彗星呢？為什麼會這麼亮？

兩年後，他又看到了另一顆大彗星。這兩顆大彗星在他心中留下了極為深刻的印象，並激發了他探索彗星奧祕的強烈熱情。

1695年，哈雷開始專心致志地研究彗星。他從1337年到1698年的彗星記錄中挑選了24顆彗星，用一年時間

計算了它們的軌道。

1704年，哈雷在計算彗星運行軌跡中，發現了三顆奇特的彗星，且對此感到十分不解：

為什麼1531年、1607年和1682年出現的這三顆彗星軌道那麼相似？難道是木星或土星的引力造成的？

「天哪，會不會是同一顆彗星呢？」

哈雷驚叫出來，這個念頭在他的心裡迅速閃過，讓他著實吃驚不已。但他不敢輕易立即下此結論，而是不厭其煩地向前搜索：

「嘿，這真是一顆非常奇特的彗星，竟然從1456年、1378年、1301年、1245年，一直到1066年，歷史上都有它的記錄。」想到這裡，哈雷大膽地預測，這顆奇特的彗星還會出現。

1705年，哈雷發表了《彗星天文學論說》，宣佈1682年曾引起世人極大恐慌的大彗星將於1758年再次出現於天空（後來他估計到木星可能影響到它的運動時，把回歸的日期延後到1759年）。

當時哈雷已年過五十，知道有生之年不能再見到這顆大彗星了，便在書中充滿自信地寫上了這樣一段話：

「如果彗星最終根據我們的預言，大約在1758年再現的時候，公正的後代將不會忘記這最先是由一個英國人發現的……」

1758年初，法國天文學家梅西葉就動手觀測了，他希望自己能成為第一個證實彗星回歸的人。

1759年1月21日，他終於找到了這顆彗星，這令他欣喜不已。但又令他想不到的是，在1758年聖誕之夜，德國德雷斯登附近的一位農民天文愛好者已捷足先登，發現了回歸的彗星。

1759年3月14日，哈雷彗星過近日點，正是哈雷預告的一個月前。此時，哈雷已長眠地下十幾年了。可是，人們沒有忘記他的傑出貢獻，於是，就把這顆彗星命名為「哈雷彗星」。

星星掉下來了

在晴朗的夜晚，當我們仰望星空時，偶爾會發現天空中劃過一道弧形的光帶，一顆星星「嗖」的一下，消失在遠方地平線以下。

「啊！天上的星星掉下來了。」孩子們大喊。

「是流星，是流星！」

星星真的掉下來了嗎？究竟是怎麼回事？

想回答這個問題，我們先來瞭解一下什麼是流星。

在太陽系的行星際空間中，存在著許多塵埃顆粒和固體塊，這些物體被稱為流星體。質量越小的流星體數量越多。正常情況下，流星體會沿一定軌道繞太陽運轉，並不會發光。當它們經過地球附近的時候，在地球引力的作用下，流星體會向地球靠近。

如果流星體進入地球周圍的大氣層，就會與大氣層產生劇烈摩擦，在高溫的作用下，流星體會燃燒成氣體，變成氣體的流星體與周圍空氣的分子、原子相撞，就會發光。這就是我們看到的流星現象。

質量較大的流星體與空氣碰撞更為劇烈，在燃燒墜落時形成一個明亮的火球，後面拖著一條長長的光帶，像一條從天而降的火龍，這就是火流星。火流星一般比金星亮，有的則亮得像滿月，甚至白天都能見到。

如果流星體原來的「母體」很大，就可能燃燒不完，剩餘的固體部分落到地面，這便是隕星，又叫隕石。隕石在隕落過程中爆裂會形成隕石雨。1976年3月8日，在中國的吉林省吉林市發生了一場可怕的隕石雨，在一百多塊隕石當中，最大的一塊重1770公斤，是迄今所見最大的隕石。

世界最著名的隕石坑在美國亞利桑那州，直徑約1240公尺，深約170公尺，坑周圍的環形邊緣比附近平地高出40公尺左右。在坑旁邊已搜集到25噸隕鐵，有人估計地下還埋著上百萬噸。這個隕石坑形成於2萬年前。

發生流星現象，除了可能會產生隕石外，還可能形成微隕星和隕冰。

微隕星中，有的是行星際空間漂浮的微流星體，在地球的引力作用下進入地球大氣層；有的是隕星穿過大氣層時從隕星表面吹落下來的熔融物質，或隕星在爆裂過程中產生的碎屑。隕冰則是一種非常罕見的來自行星際空間的冰塊。

你看，就是從天上掉下來的一小塊隕石都能給人類帶來這麼多影響，要是有一個像高樓大廈那麼大的隕石掉下來，地球豈不是要破一個大洞了！

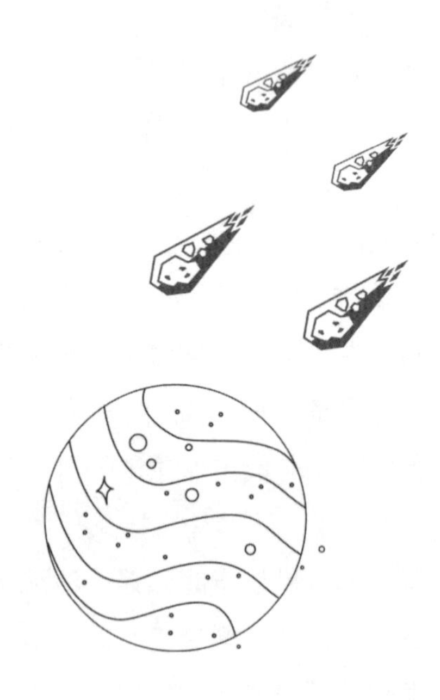

天使的淚珠

在很久很久以前，一位不諳世事的美麗天使，化妝成凡人的模樣，悄悄地從天堂潛入了人間。她四處遊玩，對人世間的一切都充滿了好奇。

一天，天使在一個小鎮中遇到了一位英俊的青年，青年發現了天使的祕密，並被她的天真可愛深深吸引，於是他們很快就相愛了。

但是，天使和上帝曾有過約定，永遠也不能與人類相愛。在一個星光黯淡的夜晚，天使趁著愛人熟睡的時候，依依不捨地離開了人間。

後來，那位青年因為失去心愛的人而過度悲傷，不久便身染重病。善良的天使傷心欲絕，便在每一個寂靜的夜晚悄悄地流淚。

她的每一顆淚滴都化成了美麗的小星星滑落人間，

而看到這些小星星的人們都會得到天使的祝福。病中的青年也看到了那頻頻劃過天際的小星星，他知道，那是天使的淚珠。不久，青年的病痊癒了，但美麗的天使卻化作了一陣絢爛的流星雨，永遠地消失在了蒼茫的夜色之中。

也有人說，美麗的天使並沒有離我們而去，而是化作了一陣微風在人們的夢中搜集願望。她會努力地幫助每一個人實現願望，而自己也會在這種偉大的行動中獲得永恆的靈魂。

如今，人們也會在小星星流落人間的時候悄悄地許下願望，並為那位傳說中的天使默默祈禱。每當萬籟俱寂的時候，只要凝神於某片澄淨的夜空，我們總能幸運地看到幾顆一閃而逝的星星。

你是不是也喜歡在這些美麗的瞬間將雙手合十，虔誠地許下一個心願呢？在許多人看來，每一顆星星的飛逝，都代表著一個善良的靈魂離開了人間。詩人與哲學家則在小星星劃落的瞬間，思考著人生的意義。

但在天文學家的眼中，這些轉瞬即逝的「小精靈」，既不是什麼靈魂，也與人生無關，它們只不過是宇宙中的一粒粒微塵。

天使的眼淚的傳說雖然很美，但如果我們能夠近距離地跟蹤滑落的細小流星的話，就會發現天文學家說得一點沒錯。它們大部分都不過是重量在1克左右的微小沙石，實在配不上星星的名號。我們永遠無法看到它的星體，而只能在璀璨的夜空中捕捉到它的光芒。

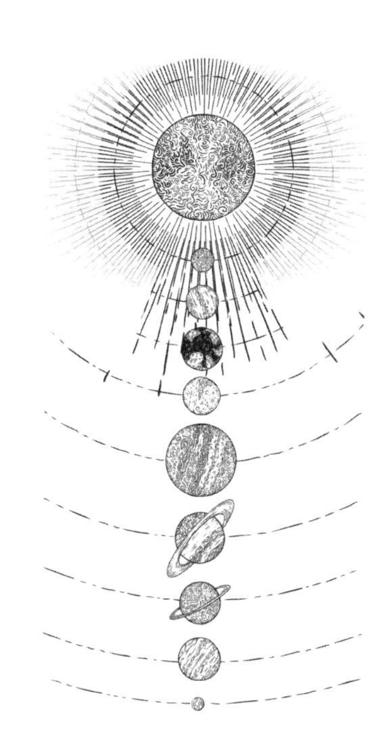

不可思議的晴空墜冰

試想一下，在一個風和日麗、萬里無雲的日子，悠閒地行走在郊外該是多麼快樂。但是假如這時突然從天上掉下一些大冰塊，把地面砸的坑坑巴巴的，不管是誰遭遇到，都會大吃一驚，甚至嚇得往家跑。

某一年，一月的一天，在西班牙南部塞維利亞省的托西那市，一輛轎車停在了路邊，車主搖下車窗，見到了一位朋友。

朋友朝他招了招手，車主便打開車門向朋友走去。正在這時，只聽見身後傳來「啪」的一聲巨響，他回頭看去，不由得目瞪口呆——他的轎車車頂已經被不知名的東西砸得稀爛！

這位車主本以為自己遭遇了壞人的襲擊，但是之後的調查結果更讓他駭怕不已。他的車居然是被一塊重4

公斤左右的大冰塊砸壞的，而且很明顯，這場事故並非人為。也就是說，砸壞他愛車的罪魁禍首是從天而降的。

假如當時不是他的朋友把他叫了出來，那麼，他將會成為世界上第一位墜冰的「犧牲品」。

21世紀初的西班牙曾經連續發生過多次「空中降冰」事件，其中的兩次出現時間相隔只有七、八天。西班牙國家氣象局的專家已經否定了「冰雹」的可能性。

中國大陸也曾經出現過類似的現象。1955年，一塊較大的墜冰碎成三塊並落在了浙江省余杭東塘鎮的水田中，這些碎冰原重估計約為900克。當時，發現者對它進行了妥善的保護，並及時送到了紫金山天文台。

中國大陸的無錫地區也曾受過這種空中墜冰的「青睞」，在1982年至1993年短短11年間，無錫竟然連續發生了5次墜冰事件。

經過多年的研究探索，科學家們已經初步認定這些晴空墜冰，其中至少有一部分來自太空，就像為人熟知的隕石一樣，所以，這些墜冰也可以被稱作「隕冰」。

隕冰的成因和隕石類似，它最初的母體可能是太空中碩大無比的巨大冰山，原本在太空中繞著太陽而轉動，但是某一天卻脫離了正常的軌道，受到地球引力的吸引，被迫改變軌道落向地面。

隕冰比不上隕石那樣有耐力承受地球大氣層的高溫

考驗，它們一旦落下，很快就會融化，如果不能被及時發現和保存，很快就會化成污水而無從辨別。

因此，到20世紀末為止，被正式確鑿證明的隕冰數量還不到兩位數。最早確認的隕冰是1955年落於美國「卡什頓隕冰」；第二塊隕冰於1963年降於莫斯科地區某農莊，重達5公斤。

還有人認為，這些隕冰可能來自彗星的彗核，並且包含有彗星以及太陽系形成之前的有關資訊。不論這種推測是否正確，都說明這些常常令人驚訝不已的隕冰的確是不可怠慢的貴賓。

宇宙的活化石

在美國與歐洲的一些小鎮上，每年都會有來自世界各地的商人，攜帶著大量的珍貴寶石、礦物以及隕石前來參加一種特殊的展銷會。你會在那裡看到各式各樣的奇珍異寶，其中最吸引人的莫過於那些形態各異的黑色隕石。

也有人喜歡把這種一年一度的集會叫做隕石展覽，但你可別把這當做是臨時的隕石博物館，因為彙集在這裡的隕石並不是供人們欣賞的，而是用來進行交易的。

你也許會問，那些黑漆漆的石頭也有人買？它們能值多少錢啊？

千萬不要小看了這些黑漆漆的石頭，它們可各個都是身價不菲的奢侈品，在一些不定期的拍賣會上，經常能夠拍出天價。就連那些質量最為一般的隕石，在市場上的零售價格都在一克500美元左右。一些比較珍貴的隕石更是以2500美元一克的高價被人們所追捧。這可比等量的黃金要貴重得多了。

為什麼看上去十分「醜陋」的隕石，能夠比黃金甚至許多傳世的藝術品還要昂貴呢？這其實並不難理解。

目前全世界已知的隕石數量大約只有4、5萬塊，加起來也不過是數百噸，這可比黃金的儲量要少得多了。對於那些熱衷於收集隕石的人來說，每一塊從天而降的隕石都同樣珍貴。而更為重要的原因是，隕石具有極高的科研價值。

在科學家們看來，隕石都是宇宙的「活化石」，它們雖然沒有生命，但是科學家卻能夠在對它們的研究過程中隱約地窺見許多天體的前世今生。

大部分隕石中都含有微量的放射性元素，科學家正是透過對放射性元素及其蛻變物的相對含量來測定隕石的年齡的。而得知了隕石的年齡，就能夠對隕石母體形成後的情況進行大致地推測。

例如一些隕石中的顆粒狀結構，是太陽系形成初期時留下來的痕跡，透過對這些物質及結構的研究，對於正確認識太陽系的誕生與演化有著十分重要的作用。

一顆隕石所蘊含的資訊量可能十分龐大，尤其是那些比較罕見的隕石類型，比如火星隕石。火星是太陽系中最有可能存在生命的星球，但是由於人們還無法直接從火星上獲得岩石樣品，來自火星的隕石便成了研究火星的唯一實物。

全世界目前只發現了不足三十塊的火星隕石，這也足以看出它的稀有珍貴。今天，各個國家都在積極地搜集地球上的隕石樣本。在寒冷的南極地區，許多科學考察隊的一項重要任務就是收集隕石。

獅王的怒吼

1833年11月13日深夜，一場有史以來最壯觀的流星雨發作了。當時美國波士頓的很多市民目睹了這一景觀。

「嘿，你們別睡了快來看哪！不得了啦！」一位市民慌慌張張地從外面跑來，叫醒了還在熟睡的同伴們。大家雖然都在抱怨這個一大早就胡亂聒噪的傢伙，但還是禁不住在他的指引下將目光投向了黎明前的天空之中。

在看到眼前的景象之後，所有人都緊張地屏住了呼吸，「天哪，這簡直不可思議！」

只見整個天空都佈滿了流星劃落的光芒，天空中的流星像暴雨一樣傾瀉而至，四面八方都沒有空隙。有的流星比金星還要亮，有的流星看上去比天上的月亮還要大。

這一令人極其震撼和驚駭的景象一直持續了4個小時左右，至少有24萬顆流星曾在這段時間內一閃而逝。

第二天，當黑夜來臨的時候，人們懷著忐忑不安的心情跑出去仰望天空，許多人以為昨夜天上的星星已經掉光了。不過還好，天上依舊繁星燦爛，他們這才鬆了一口氣。

這就是發生在1833年的那次獅子座流星雨。人們在驚歎之餘，還發現了一個以前沒有注意過的現象，所有的流星都是從同一片區域中輻射出來的。因為這片區域恰好是獅子座，人們就把這種流星雨叫做流星雨界的「獅王」。正如獅子被稱為百獸之王，獅子座流星雨就是流星雨世界裡的老大。

獅子座流星雨的世界最早記錄，是西元902年中國大陸最早記錄的。獅子座流星雨落下的時候，場面非常壯觀，也給人們帶來了很多恐慌。

例如，1533年10月24日到11月18日，中國大陸很多地方都看到了獅子座流星雨。每小時有幾百顆流星從天而降，這些流星還發出「唧唧」的聲音，將整個天空都照成了紅色。當年10月29日那天，大白天也下起了流星雨，渡口上的船夫都嚇壞了，躲在船裡面不敢出來。

其實獅子座流星雨並不是「獅子座」上面掉下來的，而是與一顆名叫坦普爾的彗星有關，當它運行到近

日點附近時，就會拋撒大量的顆粒，這些顆粒滑過大氣層時，就會形成流星雨。因為行成流星雨的方位在天球上的投影恰好與「獅子座」在天球上的投影相重疊，在地球上看起來就好像流星雨是從「獅子座」上噴射出來，因此被稱為「獅子座」流星雨。

坦普爾彗星的週期為33年，在流星雨爆發的年份，比如說1833年美國的那次，在地球上看到很強的流星雨，這被稱為「流星雨之王」。1866年比1833年的流星雨少一些，但每小時仍有6000個。

1866年以後，有人預測，由於行星的攝動，獅子座流星群已經遠離地球，以後很難再有流星雨了。果然，33年後，到了1899年，獅王悄然無聲；又過了33年，1932年的時候，獅王還是沒有到來。人們紛紛猜想：看來預言是正確的，獅王不會再來了。

但到了1966年11月17日清晨，沉寂了幾十年的獅王捲土重來，有人統計每分鐘落下的流星竟有2300顆。看來獅王的脾氣變得反覆無常，令人難以捉摸了。雖然獅王的來臨變得不可預知，但是在平常的年份，我們仍能看到稀稀落落的流星。

現在，每年的11月14日至21日，尤其11月17日左右，很多天文愛好者都會觀測獅子座流星雨。或許有一天我們也能見到獅王的怒吼呢！

5.

仰望星空的偉大人物——天文學家

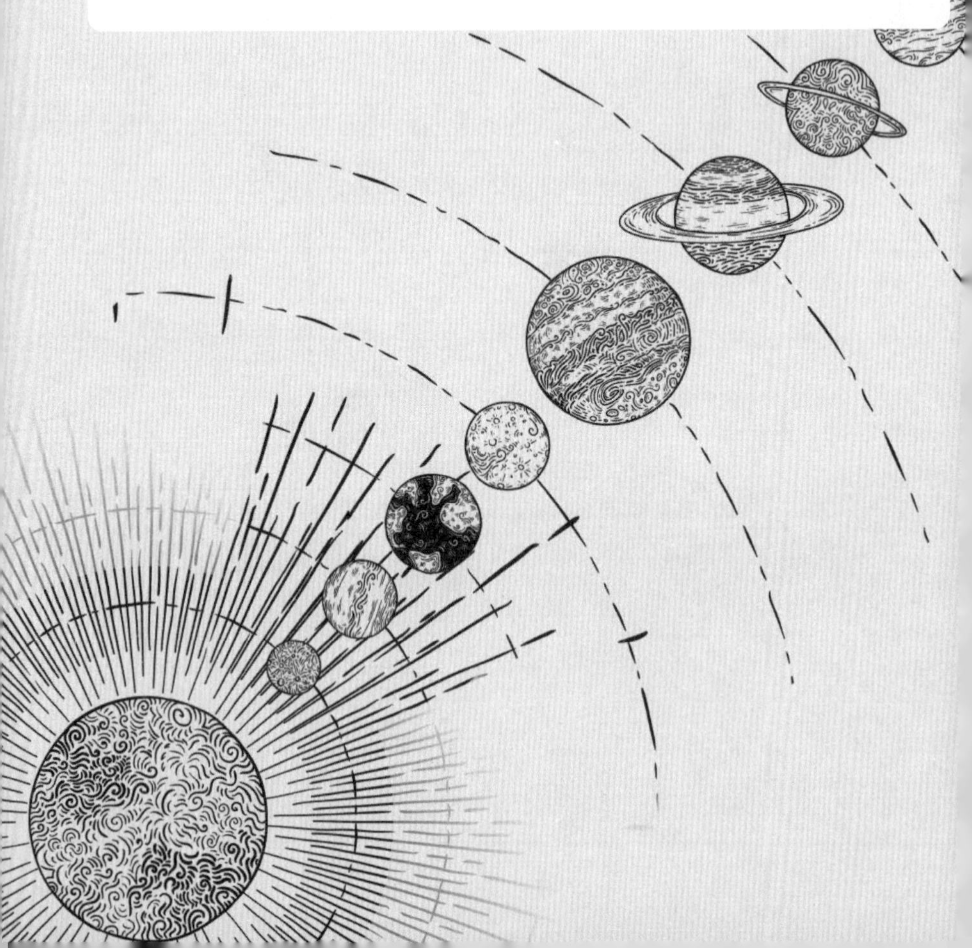

哥白尼：扭轉乾坤的操盤手

波蘭的維斯瓦河畔非常美麗，歷史上就有個城市叫托倫。

1473年2月19日，一個叫哥白尼的孩子在這裡出生。在他10歲時父親病逝了，舅父瓦琴洛德接著撫養他。

18歲時舅父把他送進了克拉科夫大學，他廣泛涉獵古代天文學書籍，潛心研究「地心說」，做了大量的筆記和計算，並開始用儀器觀測天象。

之後哥白尼去義大利帕多瓦大學留學。該校的天文學教授諾法拉懷疑「地心說」，認為宇宙結構可以透過更簡單的繪圖表現出來。

在諾法拉的影響下，哥白尼萌發了關於地球自轉和地球及行星圍繞太陽公轉的見解。他回到波蘭後，長期觀測和研究天象，進一步認定太陽是宇宙的中心。

他認為，行星的順行逆行，是地球和其他行星繞太陽公轉的週期不同所造成的假象，表面上看來是太陽繞著地球轉，但實際上是地球和其他行星一起繞太陽轉。為了避免教會的迫害，他只把自己的觀點寫成一篇《淺說》，抄贈給他的一些朋友。

哥白尼說過這樣一句話：「人的天職在於探索真理。」在探索真理的強烈衝動下，後來他堅定地把研究結果公佈於眾，並開始著作《天體運行論》一書。

但這本書受到教會的壓制，一直沒能得到出版發行。直到1543年5月24日，這部舉世矚目的著作才終於面世，而此時哥白尼的生命已走到了盡頭。

但讓他永遠也不會感到遺憾的是，就在他臨終前的一小時，他如願以償地看到了自己剛剛問世的偉大著作。

在這本書中，哥白尼明確地提出了所有的行星都是以太陽為中心、並繞著太陽進行圓周運動的。乾坤就這樣被扭轉了，他成了「日心說」的創立者。

《天體運行論》在人類歷史上第一次描繪出了太陽系結構的真實圖景，顛覆了「地心說」，開闢了近代天文學的新學說。

第谷：近代天文的奠基人

1546年12月14日，在丹麥斯坎尼亞省的一個貴族家庭，有一個被家族期盼的小男孩誕生了，他叫第谷・布拉赫。

家人們都以為，第谷將要繼承的是貴族的身份和龐大的家業。事實上，他更感興趣的卻是研究星星。

1559年，第谷進入哥本哈根大學就讀，第二年8月，他觀察了一次日食，這使他對天文學產生了極大的興趣。

1562年，第谷轉學法律，卻用全部課餘時間研究天文學。

1566年，第谷開始到各國漫遊，並在德國羅斯托克大學攻讀天文學。從此，他開始畢生的天文研究工作。

第谷的最重要發現是1572年11月11日觀測了仙后座的新星爆發。透過前後16個月的詳細觀察和記載，他取

得了驚人的成果，徹底動搖了亞里斯多德的天體不變的學說，開闢了天文學發展的新領域。

1576年，在丹麥國王弗里德里赫二世的支持下，第谷在丹麥與瑞典間的赫芬島建立了世界上最早的大型天文台，在這裡設置了四個觀象台、一個圖書館、一個實驗室和一個印刷廠，配備了齊全的儀器，耗資黃金1噸多。

從1576年到1597年，第谷一直在這裡工作，取得了一系列重要成果，研發了先進天文儀器，進行了很多天文觀測。

第谷透過觀察得出了彗星距地球比月亮遠許多倍的結論，這一重要結論對於協助人們正確認識天文現象，產生了很大影響。

1599年丹麥國王逝世。第谷移居布拉格，建立了新的天文台。

1600年，第谷與開普勒相遇，並邀請他作為自己的助手，發現並提拔開普勒是第谷一生中最大的天文學貢獻。

1601年10月24日第谷逝世，開普勒接替了他的工作，並繼承了他的宮廷數學家的職務。

第谷的大量極為精確的天文觀測資料，為開普勒的工作創造了機會，他所編著但由開普勒完成，並於1627年出版的《魯道夫天文表》，成為了當時最精確的天文表。

開普勒：為天空立法的人

要是有人像開普勒一樣一生多災多難，一定不會有心思去研究距離生活很遙遠的天文學，而是每天想著吃飽穿暖，但開普勒卻是與眾不同的。

1571年，開普勒出生時因早產先天不足。2歲時，當軍官的父親前去參戰而再無音訊。4歲時得了天花險些喪命；接著又患上了猩紅熱，視力變得很差。

天上的星辰對他來說只是一些微弱的發光體。然而，開普勒卻愛上了天文學。

1594年，開普勒大學畢業成為一名數學和天文學講師。

1600年，他接受丹麥著名天文學家第谷的邀請，成為第谷的助手。

1601年，第谷去世，開普勒接替了老師的職位，可是薪資只有老師的一半，而學校還經常積欠他的工資。

開普勒側重研究火星的運行，而當時天文學界對行星的軌道作圓周運動已成定論。一次，開普勒的一位老師來看望他，見房子裡亂糟糟的，到處都是圖紙，就問他：「這些年你到底在做什麼啊？」

開普勒回答：「我正在研究火星，想弄明白火星的軌道。」

「這個問題不是已經毫無爭議了嗎？」

「不對，我查遍了布拉赫關於火星的資料。他二十多年如一日的觀察資料都表明，火星軌道與圓周運動有8分之差。」

這位老師叫道：「8分的誤差，只相當於鐘盤上秒針在0.02秒的瞬間走過的一點角度。在巨大的宇宙空間，這點誤差應該是微不足道的，你又何必為此浪費精力。」

面對老師的不理解，開普勒不為所動，而是繼續堅持不懈的研究。終於發現火星的軌道並不是圓，而是橢圓，這就是開普勒第一定律。用他後來的話說：「這8分的區別，使我們徹底改變天文學的道路。」

此後，開普勒以頑強的毅力和耐心，終於完成了開普勒三條定律，也叫「行星運動定律」，是指行星在宇宙空間繞太陽公轉所遵循的定律。

這三條定律成功的為「天空立法」，使神祕無邊的宇宙星空逐漸顯得井然有序，並為牛頓建立萬有引力定律打下堅實基礎。

1630年10月，為了向政府兌換手中那一疊欠薪「憑證」，病體羸弱的開普勒自親出馬，走到半路便一病不起，沒幾天就去世了。人們後來發現，開普勒口袋裡的錢只剩下0.07馬克。

開普勒葬於當地的一家小教堂。他辭世前不久，為自己書寫了墓誌銘：「我曾測天高，今欲量地深。我的靈魂來自上天，凡俗肉體歸於此地。」

牛頓：一個蘋果引發世界的大革命

1642年，一個名叫以撒・牛頓的男嬰誕生在英格蘭林肯郡的伍爾普索村。誰也不會想到，這個出生時只有3磅重的孩子後來會成長為一位影響整個人類文明進程的巨人。

牛頓出生前三個月父親就去世了，3歲的時候母親改嫁。學生時代的牛頓，不僅成績平平，也沒展現出與眾不同的才華。

在國王中學讀書的時候，牛頓曾寄宿在一位名叫威廉・克拉克的藥劑師家中。可能是在那時他受了藥劑師的薰陶，漸漸體會到了化學實驗的樂趣。

後來，母親迫於生活壓力不得不讓牛頓回家務農。牛頓常常在工作之餘偷偷躲到某個角落裡去讀書，他的舅父發現了這個祕密十分感動，幫助他重新回到了學校。他如饑似渴地讀書，於1661年考入了劍橋大學的三一學院。大學生活讓牛頓更感興趣的是哥白尼、開普勒以及伽利略等天文學家的新思想和新學說，因此他並不被那些保守的老教授們看好，因此差一點放棄自然科學而轉投法律專業。後因鼠疫的突然爆發，使劍橋大學被迫停課兩年。

23歲的牛頓不得不回到伍爾索普村。在那段安靜的日子裡，牛頓認真地思考了一系列關於數學、力學以及光學方面的問題。也就是在那個時候，一顆蘋果落在了牛頓的身旁，使他提出了一個偉大的問題：蘋果為什麼是向地面墜落而不是飛向空中？

就是這樣一件普通人根本不會注意到的事情，啟示牛頓發現了「萬有引力」的祕密。透過自己建立的微積分理論，牛頓逐步完善了自己的力學體系。

兩年後，他順利地取得了劍橋大學的碩士學位，並正式成為三一學院的一位職業研究員。牛頓的才華在那個時候才得以展現出來，僅僅又過了兩年，27歲的他就成為了盧克斯講座的一名教授。

一個蘋果帶給牛頓的啟示，引發了一場席捲整個世界的科技與文化革命。三大引力定律的出現，不僅徹底地改變了人們的世界觀，也使近代的機械製造和天文學上的各種複雜計算成為了可能。

牛頓1727年去世，英國為他舉行了隆重的國葬——這也是英國第一位獲得此項殊榮的科學家。有位詩人為牛頓撰寫了這樣的墓誌銘：「大自然與它的規律為夜色掩蓋，上帝說，讓牛頓出來吧，於是一切變得光明。」

為紀念牛頓的貢獻，國際天文學聯合會把662號小行星命名為牛頓小行星。

哈勃：星系天文學之父

我們現在所處的宇宙，是一個什麼狀態？目前，科學界普遍認可的宇宙模型是大爆炸模型，也就是說宇宙正在膨脹，並認為從大爆炸開始後，宇宙大約已經膨脹了130多億年。而這一重大的發現，就得益於哈勃的觀測。

哈勃1889年11月出生於美國密蘇里州。1906年，17歲的哈勃由考取獎學金進入芝加哥大學，大學期間深受天文學家海爾啟發，對天文學產生濃厚興趣。1910年哈勃畢業後又去英國牛津大學學習法律。1913年，哈勃在美國肯塔基州開業當律師，但天文學吸引著他，隔年就放棄律師職業返回芝加哥大學葉凱士天文台攻讀研究生，並於1918年獲得博士學位。

1919年哈勃接受海爾的邀請，趕赴威爾遜天文台。

此後，除第二次世界大戰期間曾到美國軍隊服役外，哈勃一直在威爾遜天文台工作。當時的天文學界，雖然牛頓已經提出了萬有引力理論，表明恆星之間因引力相互吸引，但卻沒有人正式提出宇宙有可能在膨脹。

由於長時間以來人們都習慣了相信永恆的真理，或者認為雖然人類會生老病死，但宇宙必須是不朽的不變的。所以，即便牛頓萬有引力論表明宇宙不可能靜止，人們依然不願意考慮宇宙正在膨脹。正是在這樣的背景下，哈勃做出了一個里程碑式的觀測。

20世紀初，哈勃與助手赫馬森合作，在他本人所測定的星系距離以及斯萊弗的觀測結果基礎上，最終發現了遙遠星系的現狀，即——無論你往哪個方向上看，遠處的星系都在快速地飛離我們而去。這個結論直接表明了宇宙正在膨脹。隨後，哈勃又提出了星系的退行速度與距離成正比的哈勃定律。

哈勃的觀測及哈勃定律的提出，為現代宇宙學中佔據主導地位的宇宙膨脹模型提供了有利證據，有力地推動了現代宇宙學的發展。此外，哈勃還發現了銀河外星系的存在，是河外天文學的奠基人，並被天文學界尊稱為星系天文學之父。

為紀念哈勃的貢獻，小行星2069、月球上的哈勃環形山及哈勃太空望遠鏡都以他的名字來命名。

金：輪椅上的宇宙之王

霍金是在1942年1月8日生於英國牛津，那一天剛好是伽利略逝世三百年。這一切難道是巧合嗎？還是天意呢？

小時候的霍金對模型特別著迷，十幾歲時不但喜歡做模型飛機和輪船，還和同學製作了很多不同種類的戰爭遊戲。

十七歲那年因成績優異順利進入牛津大學就讀，畢業後轉到劍橋大學攻讀博士學位，研究宇宙學。

但正如西方的諺語所說：「上帝給了你一分天才，就要搭配上幾分災難。」

21歲時，霍金患上了會導致肌肉萎縮的盧伽雷病。由於醫生對此病束手無策，起初，霍金打算放棄從事研究的理想，但後來病情惡化的速度減慢了，他便重拾信

心，繼續醉心研究。

霍金說：「如果一個人的身體有了殘疾，絕不能讓心靈也有殘疾。」由於疾病的原因，霍金無法寫字，除了一根手指和眼瞼可以活動外，幾乎全身癱瘓；無法說話，跟外界交流溝通的唯一方式是借助一台語音合成器；無法動彈，整個身體被禁錮在一把輪椅上長達40多年……但就是這樣一個只能坐在輪椅上的人，以常人無法想像的艱苦工作，成為繼愛因斯坦之後世界上最著名的科學思想家和最傑出的理論物理學家。

20世紀70年代初，霍金和彭羅斯合作發表論文，證明了著名的奇點定理，為此他們獲得了1988年的沃爾夫物理獎；他還證明了黑洞的面積定理，即隨著時間的增加黑洞的表面積不會減少；隨後，霍金結合量子力學及廣義相對論，提出黑洞會發出一種能量，最終導致黑洞蒸發，該能量後來被命名為霍金輻射。

這個發現引起了全球物理學家的重視，因為它將引力、量子力學和熱力學統整在了一起，而那正是物理學家們一直想做成的事情。

1974年以後，霍金將研究方向轉向了量子力學，開創了引力熱力學。1983年，霍金和吉姆・和特勒提出了「宇宙無邊界」，改變了當時科學家對宇宙的看法。

雖然身體被禁錮在輪椅上，但霍金的思想卻穿過茫茫宇宙，窺探到了許多宇宙之謎。正因為如此，人們才稱呼他為輪椅上的「宇宙之王」！

張衡：從數星星的孩子到創造渾天儀

夜幕降臨了，星星像點綴在黑幕上的鑽石，一閃一閃亮晶晶。一個小孩依偎在奶奶的懷抱中，仰頭看天，一顆一顆地數著星星。奶奶說：「傻孩子，天上星星那麼多，怎麼數得完呢？一會兒工夫，眼睛就會累了。」

孩子說：「奶奶，別看天上的星星那麼多，但他們都是有規律的，就算他們在動，也都是很有規律地在動。您看，那兩顆星星，距離總是一樣的。」

爺爺走過來，說：「孩子，你觀察得很仔細，我們的祖先也發現這個祕密，還把這些星星都分成一組一組的，為他們取了名字。那七顆星連起來像是一把勺子，我們叫它北斗星。勺子面對的那顆很亮很亮的星星，我們叫它北極星。北斗星總是圍繞著北極星轉動。」

聽了爺爺的話，這個孩子大開眼界，一整個晚上，他都顧不上睡覺，仔細地觀看星空。他看清楚了，北斗星果然繞著北極星慢慢地轉動。

這個數星星的孩子叫張衡，是中國古代東漢人。他刻苦鑽研，長大後成了著名的天文學家，為中國天文學的發展做出了不可磨滅的貢獻。張衡是東漢中期渾天說的代表人物之一，他指出月球本身並不發光，月光其實是日光的反射。他還正確地解釋了月食的成因，並且認識到宇宙的無限性和行星運動的快慢與距離地球遠近的關係。

張衡觀測記錄了兩千五百顆恆星，製造了世界上第一架能比較準確地演示天象的渾天儀。

第一架測報地震的儀器——候風地動儀，還製造出了指南車、自動記里鼓車、飛行數里的木鳥等等。

為了紀念張衡的功績，人們將月球背面的一環形山命名為「張衡環形山，」將小行星1802命名為「張衡小行星」。

6.

觀天有術——窺天利器

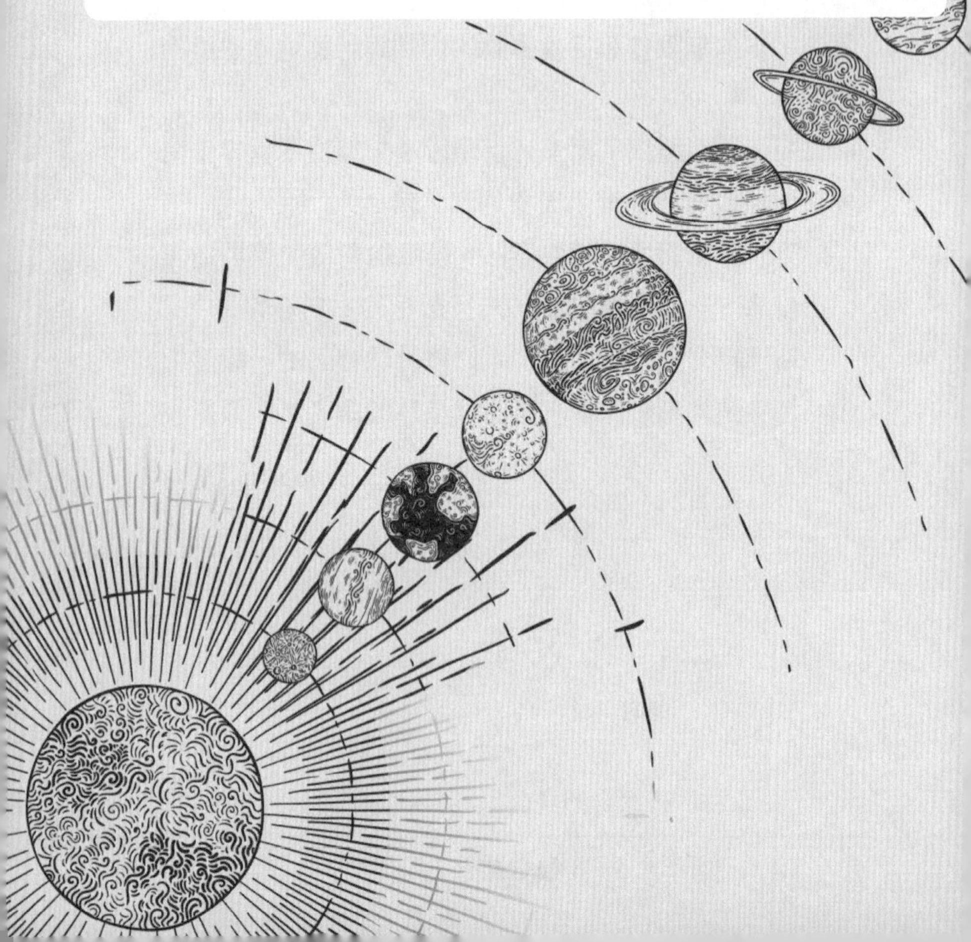

從看星星開始

從遙遠的古代開始，人們就懷著不同的心情仰望星空。許多人都把自己的夢想寄託在那些遙不可及的星星身上，為了接近自己的夢想，人們修建了許多觀測星空的宏偉建築。

美索不達米亞平原是占星術的故鄉，同時也是天文學的最早發源地。居住在這裡的蘇美爾人非常注重對星空的觀測，他們覺得天空是眾神的家，那些複雜的天象就是神靈對人間的啟示，因此在大大小小的神廟之上往往都築有觀星樓。

烏爾觀星台就是這些塔台中最為著名的一座，它台址的底層長約61公尺，寬45.7公尺。這座觀星台也曾是一座萬民朝拜的神廟，如今卻已經在歲月的沖刷下成為了一處供人參觀的古蹟。

在古代的中亞地區，也有一座舉世聞名的觀星台，它以撒馬爾罕曾經的統治者烏魯伯格的名字命名。

一位俄羅斯的業餘考古者在一份文獻記載中發現了這座觀星台的具體位置，使這座代表著16世紀以前最高水準的觀星台重見天日。

格里高利十三世是聖彼德堡教堂的教皇， 300多年以前的這位歐洲教皇非常喜歡天文學，他曾命人在教堂所屬的領地中修建了梵蒂岡天文台。

格里高利到天文台中巡視的時候，意外地發現本應落在日晷春分點處的陽光卻發生了較大的偏離。他立刻意識到，沿用了1600多年的儒略曆可能並不是十分準確。

於是格里高利教皇組織了一些天文學家制定了一部全新的曆法，這種被稱為格里曆的曆法就是今天通行於世界的西曆。

我們如今已經看不到梵蒂岡天文台的原貌了，不過格里曆法卻從1582年開始，一直沿用到今天。

位於丹麥的哥本哈根圓塔是歐洲最古老的天文台之一，它始建於1637年，在1642年的時候才最終落成。圓塔高34.8公尺，直徑15公尺。塔內的螺旋狀坡道，據說能夠供馬車自由地上下。

與哥本哈根圓塔同樣歷史悠久的，是創建於1667年的巴黎天文台。它是法國的國立天文台，並在300多年的歷史中培養了一大批著名的天文學家。如發現了四顆土星衛星的凱西尼家族，以及用擺錘實驗證明了地球自轉的物理學家傅科。巴黎天文台還一度是國際時間局的駐地，不過這個組織在1987年的時候解散了。

中國現存最古老的天文台是位於河南省登封市告成鎮的觀星台，觀星台由元代天文學家郭守敬創建，是世界上最著名的天文科學建築物之一。

如今，大部分古老的天文台都已經成為一種歷史的見證，它們的工作已經被眾多設備先進的現代天文台所接替。

中國古代的天文觀測儀器

中國古代的渾儀、日晷、沙漏、天體儀等天文觀測儀器，在當時的世界上絕對是最先進的。

「渾儀」，是中國古代的一種天文觀測儀器。在古代，「渾」字含有圓球的意義。

古人認為天是圓的，形狀像蛋殼，出現在天上的星星是鑲嵌在蛋殼上的彈丸，地球則是蛋黃，人們在這個蛋黃上測量日月星辰的位置，因此把這種觀測天體位置的儀器叫做「渾儀」。

「日晷」，是中國古代利用日影測得時刻的一種計時儀器。其通常由銅制的指針和石制的圓盤組成。

銅製的指標叫做「晷針」，垂直於圓盤中心，起著圭表中立竿的作用，因此，晷針又叫「表」。石製的圓盤叫做「晷面」，安放在石台上，南高北低，使晷面平行於天赤道面，這樣，晷針的上端正好指向北天極，下端正好指向南天極。

「沙漏」，是中國古代一種計量時間的儀器。沙漏的製造原理與漏刻大體相同，它是根據流沙從一個容器漏到另一個容器的數量來計量時間。這種採用流沙代替水的方法，是由於中國北方冬天空氣寒冷，水容易結冰的緣故。

「天體儀」，是中國古代一種用於演示天象的儀器。中國古人很早就會製造這種儀器，

它可以用來直接觀察瞭解日、月、星辰的相互位置和運動規律。它的主要組成部分是一個空心銅球，球面上刻有縱橫交錯的網格，用於量度天體的具體位置；球面上凸出的小圓點代表天上的亮星，它們嚴格地按照亮星之間的相互位置標示。

整個銅球可以繞一根金屬軸轉動，轉動一周代表一個晝夜。利用它，無論是白天還是陰天的夜晚，人們都可以隨時瞭解當時應該出現在天空的星空圖案。

唐朝的一行和尚與梁令瓚、宋代的蘇頌與韓公廉等人，把天體儀和自動報時裝置結合起來，發展成為世界上最早的天文鐘。

人類的第二雙眼睛

在古人的眼中，大海、天空、宇宙都是浩瀚無邊、難以望斷的，人們意識到了自己視力的局限，於是，開始夢想能長出一雙神奇的「千里眼」。

1608年，荷蘭的米德爾堡出現了奇蹟。「千里眼」出現了！

那天，眼鏡匠李普希在自己的店裡忙忙碌碌替顧客磨鏡片，他的兒子們在陽台上遊戲。小弟弟兩手各拿一塊眼鏡片，對著遠處的景物前後比劃。突然，他發現教堂尖頂的風向標變得又大又清楚，孩子們非常興奮，立即將這一發現告訴了父親。

李普希半信半疑，按照孩子們說的那樣試驗著，他將一塊凸透鏡和一塊凹透鏡組合起來，把凹透鏡放在眼前，將凸透鏡放在前面一點點。當他把兩塊透鏡對準窗

外時，他差點驚叫起來，遠處教堂尖頂上細小的風向標變大了，似乎近在眼前，伸手可及。

這項意外的發現立刻傳遍了米德爾堡，人們紛紛來到李普希的工作室，要求一飽眼福。李普希意識到這是一樁賺錢的買賣，立即向荷蘭國會申請專利，給它取了個不倫不類的名稱——「窺探鏡」。

同年12月15日，他向國會提供了一架經過改良的雙筒窺探鏡，國會獎賞他一大筆獎金。從此，人們成了千里眼，世界上也有了望遠鏡，可惜荷蘭人僅把它當作高級玩具。

望遠鏡的技術傳到了義大利，在帕多瓦大學執教的伽利略從中受到了啟發，他想，可不可以製造出一架用於天文觀測的望遠鏡。於是，伽利略用凸透鏡作物鏡，用凹透鏡作目鏡，分別裝在一根直徑為4.2公分，長60公分的鉛管兩端。他還用一粗一細的兩根空管套在一起，調節兩片透鏡的距離，以便於適合遠近不同的物體和觀察者不同的視力。

伽利略製造的第一架天文望遠鏡，也叫折射望遠鏡，能將遠處的物體放大3倍，後又提高到9倍。他邀請威尼斯參議員到塔樓頂層用望遠鏡觀看遠景，觀看者都驚歎不已。隨後，伽利略被參議院任命為帕多瓦大學的終身教授。

1610年初，伽利略又製造了一架可以將物體放大33倍的望遠鏡，直徑為4.4公分，長1.2公尺。為了進行天文觀測，他又改進了幾架望遠鏡，用於觀測日月星辰，並有了許多新奇的發現。

這一系列的發現有力地支持了哥白尼的日心說，震驚了歐洲。伽利略開闢了在天文觀測中使用望遠鏡的新紀元，被譽為「近代科學之父」。

天文望遠鏡的成長史

人們為了紀念伽利略的偉大功績，把他發明的望遠鏡稱為伽利略式望遠鏡。但是作為望遠鏡的始祖，伽利略式望遠鏡的放大倍數還十分有限。

兩年之後，德國的天文學者開普勒製作了一個由兩片凸透鏡分別充當物鏡和目鏡的新式望遠鏡。它的倍數有了顯著的提高，原理同伽利略式望遠鏡並沒有本質上的不同，都屬於折射式望遠鏡。

如果你曾在「哈哈鏡」前看過鏡中的自己，就會發現鏡中呈現的你發生了嚴重的變形，有時「奇醜無比」的形象總會惹得人們哈哈大笑。之所以會產生這種神奇的效果，其實和鏡面的凹凸程度有關，鏡面越不平整，鏡中呈現的物像變形也就越嚴重。

早期的折射式望遠鏡也存在著這樣的問題，它們的物鏡就像是一個個透明的「哈哈鏡」，透過這些望遠鏡所看到的星空，經常因嚴重的變形而顯得十分怪異。這種缺陷讓天文學家們十分頭疼。

後來，人們製造出一種特殊的火石玻璃，它能夠在維持放大倍數的同時有效的降低物像的變形。到19世紀末期，歐洲掀起了一股製造大型望遠鏡的高潮，大部分口徑在70公分以上的折射式望遠鏡都是在那個時候製造完成的。

折射式望遠鏡雖然在天體觀測方面有著許多傑出的表現，但是它始終無法完全克服那種「哈哈鏡」式的變形。於是到了20世紀的時候，一種最早出現於1814年的反射式望遠鏡在經過數次改造之後，被重新應用到天文觀測上來。

這種望遠鏡非常適合對大面積的天空區域進行觀測，並且不會出現像折射式望遠鏡那樣嚴重的變形。

在今天的愛爾蘭比爾城堡莊園中，你會看到一台高17公尺，口徑達1.84公尺的巨型望遠鏡。不過它已經是19世紀的老古董了，後來的天文望遠鏡的身材與口徑早就把它遠遠地拋在了身後。

隨著與力學、光學以及電腦和精密機械製造等領域的深入合作，現代望遠鏡的製造技術最終突破了鏡面口徑的限制。天文望遠鏡不僅走向了大型化，還擁有了許多非常專業的新種類。如射電望遠鏡、紅外線望遠鏡、紫外線望遠鏡、X光望遠鏡等。

與此同時，一些廉價而優質的微型望遠鏡的出現，也將天文觀測引入了一個大眾化的時代。

的飛躍

1931年，美國的央斯基在貝爾電話實驗室進行有關長距離無線電通訊方面的研究時，發現了一種微弱的有規律的由天體傳射的無線電波——射電。央斯基成了射電天文學的開創者。

1937年，青年工程師雷伯在美國芝加哥郊外自家的後院裡，安裝了一架直徑9.45公尺的拋物面反射器，這便是世界上最早的射電望遠鏡。

射電望遠鏡的獨到之處在於：傳統的望遠鏡僅利用光學原理，而射電望遠鏡利用的是無線電原理。根據射電天文學理論，所有的天體都發射電波，都是射電源。那麼，觀測天體射電波的主要工具就應該是射電望遠鏡，而非光學鏡片製成的光學望遠鏡。

從本質上看，光學望遠鏡不過是把人們的視力提

高，而射電望遠鏡卻是用耳朵接收無線電，讓耳朵也能「聽」到天體。事實上，天線和無線電接收機就是射電望遠鏡，無線電天線就是傳統望遠鏡的「鏡片」。射電望遠鏡的發明在人類望遠鏡史上發生了質的飛躍。

第二次世界大戰期間，人們發現太陽的射電活動會干擾雷達接收信號，這才開始意識到天體射電的重要性。

戰後，射電天文技術飛速發展，一個個巨大的拋物面型射電望遠鏡先後建立起來。

上個世紀80年代，世界上最大的可跟蹤天體的射電望遠鏡，在前西德首都波恩附近的埃菲爾斯貝格研製成功，它的直徑為100公尺。

射電天文望遠鏡的發明，在人類的眼前展現出了一幅嶄新的天空圖景，大大的拓展了人類的視野，揭開了一個又一個宇宙的奧祕。

站在空中眺望星球

從空間望遠鏡被成功發射到太空軌道中的那一刻起，人們仰望星空再也不用擔心天氣的影響了。在太空中看星星，清晰度會比地球上最先進的望遠鏡還要高出幾十倍。

宇宙空間的失重環境，也避免了儀器自身重量所帶來的鏡頭變形。世界上最著名的空間望遠鏡，就是由美國宇航局建造的哈勃空間望遠鏡。它從1978年開始籌建，直到1989年才最終完成，1993年又進行了一次大規模的完善。從那時起，哈勃望遠鏡就開始向地球傳輸回大量清晰而震撼的圖片與相關研究資料。

這些珍貴的資料對於宇宙年齡、恆星的誕生與死亡、黑洞以及其他許多有關宇宙空間的研究來說，有著巨大而深遠的意義。

歐洲空間局在2009年的時候，用火箭發射了一台名為「赫歇爾」的遠紅外線空間望遠鏡。這台高7.5公尺，寬4公尺的空間望遠鏡是人類迄今為止，向太空中發射的最大的遠紅外線空間望遠鏡。它的核心設備由七個國家的精英小組共同研發完成，這也展現了當代天文學發展的一種國際化趨勢。

赫歇爾望遠鏡的主要任務是研究早期宇宙中的星系是如何形成的，以及各個星系在漫長的歲月中是如何演變的。它還會被用來觀察彗星、行星以及其他一些小型天體的大氣組成和表面化學成分。

此外，赫歇爾望遠鏡的成功發射，對於恆星的形成與星際物質的交互作用，及宇宙分子的化學研究也有著重要的意義。

空間望遠鏡雖然帶給了我們很多驚喜，但它還遠遠不是天文望遠鏡發展的終極成就。科學家們已經開始計劃在月球上建立一座月基天文台，如果能夠成功，這將會是人類歷史上的又一次壯舉。

不論是多麼先進的機器，如果沒有人的操控，都將是不會思考的「蠢貨」。空間望遠鏡就是這種只能依靠事先設定好的觀測模式來進行工作的「蠢貨」，它們常常非常被動。假如真的能夠在月球上建立一座長期的天文台，望遠鏡就會在科學家的近距離操作下發揮出更為巨大的作用。

在經歷了400多年的發展之後，今天的天文望遠鏡更像是天文學家手中的萬花筒了。也許過不了多久，我們不僅可以站在月球上數星星，還可以在更為遙遠的星球上眺望未來。

千里眼的再進化

19世紀40年代，紐約的德雷柏成功完成了一張月亮的銀版照相，首次將攝影技術應用到天文學研究中去，使人類擺脫了幾千年肉眼的限制，看到了更美麗的「星星」世界。雖然，德雷柏當時得到的照片無法與現在的天體攝影照片相媲美，但他的做法是意義深遠的。此後，攝影技術就開始被應用到天文學研究中去。

天體攝影最大的優點在於，長時間的曝光時間，能夠採集到更多的光，這樣就能拍攝到從遠處星系傳來的微弱的光線。例如，很多時候一些星雲即使從望遠鏡中人眼也觀測不到，但在照片中卻能辨認出來。不過，要拍攝一個極其暗淡的天體，常需要若干小時的曝光才能得到較清晰的圖像。此外，照相技術還能有效的保存觀測結果，以便在下次需要的時候可以繼續使用。

到20世紀80年代的時候，光電耦合器件CCD的應用讓照相底片也成為了歷史。應用CCD照相機，天文學家可以拍攝到望遠鏡採集的光線的90%，這進一步推動了天文學的研究。隨著科技水準的不斷發展，新的發現和新的成果不斷湧現。

伽馬射線的發現，暗物質的進一步研究，大型電腦的應用，新的高能衛星的觀測應用，大樣本巡天觀測，宇宙空洞以及宇宙長城的發現，類太陽系的發現等等，都為天體物理的發展起到了巨大的推動作用。

進入21世紀，人類更將目光投向了外太空，各種新技術的研製、使用，先進的天文觀測衛星的發射升空，以及各國在天文學研究上投入的大量人力、物力、財力，無疑讓我們看到了人類全力探索宇宙、尋找宇宙奧祕的決心。

明天的宇宙學，人類將乘著這股技術改革之風，向宇宙的盡頭不斷推進。

7.

地球之外有生物嗎——UFO 與外星人之謎

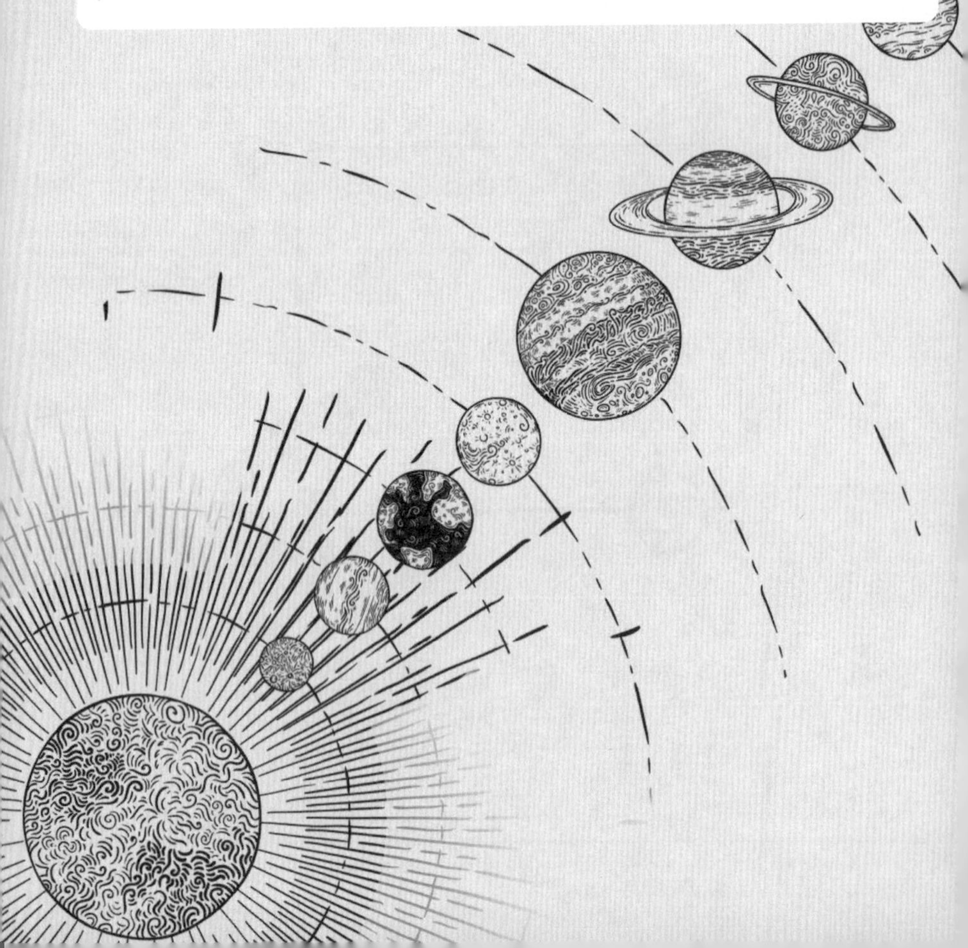

外飛來的客人

也許有一天，你在晚間出外玩耍，或者參加學校舉辦的一次野外露營活動，突然，天空中降落一個龐大的發光物體。那個發光物體就像我們餐桌上的盤子，從中走出一隊和我們長相不一樣的外星人。

假如你遇到了這種情況，一定不要驚慌，他們應該是來做客的，說不定你會和他們變成朋友。那些客人可是想知道我們地球上的許多知識，需要向你學習的，其中的孩子可能要稱呼你一聲——老師。

而那個承載外星人的龐然發光物體，就是我們經常在新聞裡聽到的「不明飛行物體」，又或者，你習慣叫它「UFO」。

UFO是英語的縮寫詞，它的意思是「不明飛行物體」。這三個字母可不要忘記，它代表著天外來的神祕

朋友。

一些見到過這種不明飛行物的人說，「那個神祕的發光物就像一個盤子」，因此人們又都管它們叫做「飛碟」。古今中外，關於UFO的記載是很多的，中國古代就有過多次記錄：

史書記載，西元前32年8月的一天，有人見到了天上有兩個月亮。

另一個「月亮」應該就是我們現在所說的UFO；史書還記載，西元39年4月的一天，夜空中有像太陽般的發光物體出現。這恐怕也是UFO。

究竟是誰最早發現了UFO呢？這是一個難以確切考證的問題。現在的一些科學家認為，這項榮譽應該獻給19世紀70年代美國的馬丁。

1878年1月，美國德克薩斯州的農民馬丁在田間耕作，他忽然望見空中有一個圓形的物體在飛行。當時，美國有150家報紙爭相報導馬丁的發現。因為這是人類歷史上最早在報紙上具體記錄是哪個人發現了「不明飛行物」的報導，因此，農民馬丁就成了最早發現UFO的世界名人。

1947年6月24日下午2時，美國愛達荷州博伊西城有一個名叫肯尼斯阿諾德的民航機駕駛員，駕飛機從位於華盛頓的麥哈里斯機場起飛。當他飛到位於萊尼爾峰上空3500公尺的高度時，突然看到眼前一道強光閃過。

阿諾德從未見過如此奇異的光源，等他回過神來，仔細一看，驚訝的發現，眼前竟然有9個發光體，這些發光體正排成兩列梯隊，以跳躍的方式從貝克山方向往南高速飛來。

這些飛行物像平時吃飯的碟子一樣扁平，飛行的時候能夠隨意轉變方向，飛行的速度非常快。據阿諾德事後描述，這些飛行物的速度不低於每小時1900公里。

阿諾德的空中奇遇經各大媒體報導後，他很快成為一位風雲人物，「UFO」的大名也隨之面世並風行一時。從此，UFO時代正式開始。那之後至今的60多年時間裡，世界各地一直都有飛碟目擊事件的新聞報導。

UFO，自然現象還是騙局

UFO真的存在嗎？因為我們當中的絕大多數人都沒有那種好運氣，可以一睹不明飛行物的真貌，於是我們只能倚靠想像，在腦海裡勾勒它的樣子，它或許是圓的，也可能是麵條形狀的，或者一顆蘋果狀，還有可能是個甜甜圈狀呢！

新聞報導裡，目擊UFO的人也將它描述得千奇百怪。有的說是它像圓盤子，有的說它像頂草帽，有的說它像汽車輪胎，有的說像圓錐體，有的說像個大皮球，還有的說像個大蘑菇。

有些人認為，UFO的出現屬於地球上的自然現象，不是什麼天外來客；有些人則深信它是來自太空深處的太空船，那些外星飛船可比地球上的先進。

由於它的出現毫無規律性而且轉瞬間就消失掉了，

加上目擊者存在不少浮誇的描述，即使是高水準的科學家，也沒有辦法解釋所有的UFO報告。因而，有的科學家就得出一個結論：UFO可能是一種自然現象，也可能是一種幻覺、騙局。例如，1948年的UFO事件：報紙上是這樣寫的：

「1948年7月24日的凌晨3點40分，一位駕駛員和一位副駕駛員在駕駛DC－3型飛機時，迎面看見一個物體從他們的右上方掠過，急速上升，消失在雲中，時間大約有10秒鐘……這個飛行物似乎有火箭或噴氣之類的動力裝置，在它的尾部放射出大約15公尺長的火焰。該物體沒有翅膀或其他突起物，但有兩排明亮的窗子。」

事實上，那天正好有流星雨，所以天文學家認為這個奇怪的物體實際上是遠處的一顆流星。

依照現代天文學的觀測，在銀河系極其廣闊的宇宙空間裡，為數不多的文明世界相互訪問簡直像大海撈針一樣。

假如銀河系有100萬個文明世界，每個世界每年必須發射10000艘飛行船，才可能有一艘來到地球上。如果按照上述的數學計算，UFO來到地球上的機率很小。但誰又能排除有一個星球準確地找到了地球了呢？也許他們的科學技術十分高超，是人類根本比不了的呢！

今日的世界中，的確存在著奇怪的飛行物。這些飛行物的許多行為都帶有「非天然」的性質。例如：人類發現的具有奇特碟形的飛行物，它以超乎尋常的速度、加速度、巨大的電磁影響、奇異的發光特徵，在人類生活的空間遊行，頻頻向人類展示它的不凡。

那樣的一個飛行實體的神奇功能，按照人類當前的科學技術是無法辦到的，甚至是不可思議的。因此，人們推斷它們是外星人操縱的工具。但是，是不是真的存在UFO，人們還需要多年的研究，又或者無意間捕獲這樣一個不明飛行物體，就能揭露它背後的真相了吧！

綠孩子

在11世紀的時候，有一個傳說：一天，英國的烏爾畢特的一個山洞裡走出來兩個奇特的孩子。他們的皮膚是綠色的，身上穿的衣服材質也從來沒有人見到過。他們會說話，告訴人們他們兩個人是從一個沒有太陽的地方來的。

但是，綠孩子的事件並不是地球上獨一無二的，後來西班牙也出現過綠孩子：

1887年8月的一天，對西班牙班賀斯附近的村民們來說，是終生難忘的。

這一天，村民們正在田裡耕作，突然看見從一個山洞裡走出兩個孩子，一個是男孩，另一個是女孩。只見這兩個孩子皮膚呈綠色，綠得像樹葉一樣。他們身上穿的衣服不知道是用什麼材料做的。兩個孩子講的話，村民一句也聽不懂。

人們簡直不敢相信自己的眼睛，就十分小心翼翼地走到跟前仔細觀看。兩個孩子皮膚上的綠色，不是塗抹的，而是皮膚裡的綠色素造成的。這兩個「綠色孩子」的臉龐輪廓很像黑人，但眼睛卻像亞洲人。

當時，兩個孩子看起來是不知所措的樣子，只是驚恐地站立在那裡不敢動。好奇和同情心使人們很快給孩子提供了各式各樣的食物，但他們都不吃；後來，有人給他們送來剛摘的青豆，他們很高興的吃了起來。

男孩子由於體力太虛弱，很快就死去了；而那綠女孩比較乖巧，被當地的法官收留以後，她那皮膚上的綠顏色慢慢地消退了，居然還學會了一些西班牙語，並能和人們交談。

據她後來解釋自己的來歷時說，他們是來自一個沒有太陽的地方，那裡始終是一片漆黑，但與之相鄰的卻是一個始終光明的世界。有一天，他們被旋風捲起，後來就被拋落在那個山洞裡。這和當初英國綠孩子的經歷非常相似。

這個綠女孩後來又活了5年，於1892年死去。至於她到底從哪裡來，為什麼皮膚是綠色，人們始終無法找到答案，於是人們猜測，也許他們真的是來自於一個遙遠而神祕的地方。

一般來說，地球上的人有四種膚色，白種人分佈在歐美，黃種人多在亞洲，黑種人多在非洲，某些太平洋島國的的人皮膚呈棕色。而綠色顯然是人們沒有見過的膚色，或者可以說他們不屬於地球人類。

在一些神祕的飛碟事件或外星人事件中，人們總是說見到的外星人身材矮小、綠色的皮膚。這不禁使人們想到，在英國和西班牙發現的綠孩子是不是有與外星人有關，他們是外星人的後代嗎？綠孩子自稱的「沒有太陽的地方」，到底是哪兒？他們是如何到達地球的？這些問題始終讓人們困惑不解。

科學家們努力地研究，僅在銀河系就有一億顆星球完全有可能存在生命，其中有1.8萬顆行星適合類人生物居住，這裡面至少有10顆行星的文明能得到發展並很可能超過地球。

所以如果綠孩子事件是真實的，那麼他們很可能來自於其他星球。

美國小鎮的UFO墜毀事件

一天清晨，美國德克薩斯州奧羅拉鎮郊區沃斯城堡小鎮的居民們像往常一樣，悠閒地開始了一天的生活。

但是，有個人突然停下了腳步，他表情驚恐，嘴巴微微張開似乎忘記了閉上，瞪大雙眼詫異地望著天空。

旁邊的路人順著他的視線看過去，也都不由得嚇呆了，只見一個巨大的銀色雪茄型的物體正飄在空中。在他們的注視下，這個奇怪的飛行物突然撞上了普洛克特法官住宅的塔樓，一下子爆炸了。

奧羅拉鎮的居民們馬上急急忙忙趕往普洛克特法官家的農場，希望能夠看看這個飛行物是怎麼回事，法官家是否需要幫忙。但趕到一看，這個飛行物已經在爆炸中變成了碎片，而飛行物中唯一的飛行員遺體已經嚴重變形了。他的屍體身材瘦小，看上去很怪異，並不像正常的人類。

按照基督教的儀式，奧羅拉鎮的居民埋葬了這具遺體。在一個小小的葬禮上，人們的心情都十分複雜，他們有些害怕，但更多的是好奇，這神祕的飛行物和不明生物究竟從哪裡來的？目的是什嗎？又是什麼原因導致了與塔樓相撞並爆炸了？

後來，人們將一塊小石板放置在墓地上，以表明這裡是遇難飛行員的墓地，而飛行器的殘骸都被扔到了一口井內。

事件發生的時間是1897年4月17日，兩天以後《達拉斯晨報》上詳細刊載了這個事故。這讓全世界的UFO研究者們興奮不已，他們認為那個不明飛行物應該是外星人的飛碟，遇難的飛行員一定是懷著某種目的而光臨地球的「天外來客」。

這件事流傳很廣，但是在奧羅拉鎮墜毀事件被報導以後，很長的一段時間再也沒有類似的事件發生，有人就開始懷疑這可能是鎮上居民製造出來的一個大騙局。

為了揭開事實的真相，1973年，「國際UFO組織」創始人海頓・海威斯帶著專家小組首次來到了奧羅拉鎮進行實地調查。奧羅拉鎮居民熱情接待了他們，卻沒興趣協助揭開飛艇的謎團。

後來，奧羅拉鎮的居民布羅雷・歐茨給調查帶來了轉機。羅雷・歐茨是在1945年左右搬到了這座小鎮的，居住的地方距離飛艇墜毀地點很近，他發現房子旁邊的水井裡塞滿了金屬物質及碎片，便讓人幫忙清理了一下水井。在這之後的幾年中，他的手出現了非常嚴重的關節炎，他認為這是因為自己一直喝那口井的井水造成的，就把水井蓋上水泥塊，不再飲用了。

海頓・海威斯想要去調查這口水井，卻遭到了當地居民的阻止，所有與謎團有關的關鍵證據就這樣被封存在了井裡。

2005年，海頓・海威斯再次來到奧羅拉鎮。這時，城鎮的規模已經明顯縮小了，過去的3000多名居民如今只剩下400多人。海威斯試圖尋找那名神祕飛行員的墓地，原先那塊石板標記早已經被人偷走了，埋葬飛行員的確切位置找不到了。海威斯只好再從那口水井中尋找答案。

在那口早已被水泥封住的水井上面，鎮上的居民又蓋了一座小屋，還在周圍豎起了圍欄。海頓・海威斯多次申請進入那片區域，但都未得到答覆，只能遠距離對其進行觀察。

水井的周圍沒有任何植物存活，海威斯認為正是由於當年填埋進去的金屬碎片污染了周圍的土壤，才會造成這種寸草不生的情況。雖然這只是一種猜測，但海威斯認為：至少有85%的機率可以確定，在這座小鎮上確實發生過UFO墜毀事件。

外星人遺落在地球上的種族

每次看到有關UFO的新聞報導，人們都開始想像無限，說不定地球上在已經有外星人生活，還有他們的活動基地呢！只是我們沒找到而已。

1988年，巴西古學家喬治・狄詹路博士帶領20名學生到聖保羅市附近的山區尋找印第安人的古物。突然，一名學生失足跌落到一個洞穴中，大家下去救他時發現，這個洞穴不但寬大，而且深不可測。

他們在洞穴中找到一個巨大的密室，裡面堆滿了陶瓷器皿、珠寶首飾。還有一些只有1.2公尺高的小人狀骷髏，頭顱很大，雙眼距離較一般人近得多，每隻手只有兩個手指，腳上也只有3個腳趾。

在洞內，還發現了一批原子粒似的儀器和通訊工具。根據對洞內物件年份的鑑定，顯示它們已超過6000

年的歷史。毫無疑問，這是一個曾在南美洲生活過的外星種族。

博士所發現的那些外星人骸骨不但身體結構與人類不同，其智慧也遠遠超出人類。從發現的通訊器材來看，他們應該來自另一個星系。

1987年4月，瑞典科學家希萊・溫斯羅夫等人在薩伊東部的原始森林裡進行考察時，意外發現了一個火星人居住的村落。這些火星人帶領溫斯羅夫等人參觀了他們當年來地球時乘坐的飛行船的殘骸。

這些火星人說，他們是為了躲避火星上流行的瘟疫，才於1812年乘飛行船來地球避難的。當年來地球的共有25人，有22人已經先後死去了，剩下3人還活著。經過繁衍，他們的後代已經有50多人了。

科學家們發現，這些火星人特別喜歡圓形圖案。他們的房屋、室內的陳設以及使用的工具及佩戴的飾品等大都是圓形的。直到現在，他們還珍藏著太陽和火星的詳細地圖。

被發現的「外星基地」和奇怪種族是外星種族嗎？外星人的飛行船是否曾經降臨過地球？如果他們只是普通的地球人類，那麼那些奇怪的考古發現又怎樣去解釋呢？關於外星人的疑問還真的很多呢！

聰明大百科：生物常識有 GO 讚！

跟著生物學家一起去探祕！從有趣的故事中認識生物知識，
在簡單實驗中，體驗自己揭開謎題的樂趣！

把種子放到醋中，它還會生根發芽嗎？
你知道哪些物質能夠抑制細菌的繁殖？
胃怎麼不會消化自己？
你會用骨頭製作蝴蝶結嗎？

打開這本書，能發現生物背後的有趣祕密，
解答許多存留在你心中問題的謎底！

▶ 不用抬頭看就能知道的趣味天文故事

（讀品讀者回函卡）

■ 謝謝您購買這本書，請詳細填寫本卡各欄後寄回，我們每月將抽選一百名回函讀者寄出精美禮物，並享有生日當月購書優惠！
想知道更多更即時的消息，請搜尋"永續圖書粉絲團"

■ 您也可以使用傳真或是掃描圖檔寄回公司信箱，謝謝。
傳真電話：（02）8647-3660　　信箱：yungjiuh@ms45.hinet.net

◆ 姓名：__________　□男　□女　□單身　□已婚

◆ 生日：__________　□非會員　□已是會員

◆ **E-mail**：__________　電話：(　)__________

◆ 地址：__________

◆ 學歷：□高中以下　□專科或大學　□研究所以上　□其他__________

◆ 職業：□學生　□資訊　□製造　□行銷　□服務　□金融
□傳播　□公教　□軍警　□自由　□家管　□其他__________

◆ 閱讀嗜好：□兩性　□心理　□勵志　□傳記　□文學　□健康
□財經　□企管　□行銷　□休閒　□小說　□其他

◆ 您平均一年購書：□ 5本以下　□ 6～10本　□ 11～20本
□21～30本以下　□ 30本以上

◆ 購買此書的金額：__________

◆ 購自：□連鎖書店　□一般書局　□量販店　□超商　□書展
□郵購　□網路訂購　□ 其他

◆ 您購買此書的原因：□書名　□作者　□內容　□封面
□版面設計　□其他

◆ 建議改進：□內容　□封面　□版面設計　□其他__________

您的建議：

讀好書品嚐人生的美味

不用抬頭看就能知道的趣味天文故事